Sven Bodo Wirsing

Über die Struktur der Solomon-Tits-Algebren der symmetrischen Gruppen

Eine Analyse assoziativer, gruppentheoretischer und Lie-theoretischer Phänomene

Mit 218 Übungsaufgaben

Wirsing, Sven Bodo: Über die Struktur der Solomon-Tits-Algebren der symmetrischen
Gruppen: Eine Analyse assoziativer, gruppentheoretischer und Lie-theoretischer
Phänomene. Mit 218 Übungsaufgaben. Hamburg, disserta Verlag, 2015

Buch-ISBN: 978-3-95935-160-7
PDF-eBook-ISBN: 978-3-95935-161-4
Druck/Herstellung: disserta Verlag, Hamburg, 2015
Covermotiv: pixabay.com

Bibliografische Information der Deutschen Nationalbibliothek:
Die Deutsche Nationalbibliothek verzeichnet diese Publikation in der Deutschen
Nationalbibliografie; detaillierte bibliografische Daten sind im Internet über
http://dnb.d-nb.de abrufbar.

Das Werk einschließlich aller seiner Teile ist urheberrechtlich geschützt. Jede Verwertung außerhalb der Grenzen des Urheberrechtsgesetzes ist ohne Zustimmung des Verlages unzulässig und strafbar. Dies gilt insbesondere für Vervielfältigungen, Übersetzungen, Mikroverfilmungen und die Einspeicherung und Bearbeitung in elektronischen Systemen.

Die Wiedergabe von Gebrauchsnamen, Handelsnamen, Warenbezeichnungen usw. in diesem Werk berechtigt auch ohne besondere Kennzeichnung nicht zu der Annahme, dass solche Namen im Sinne der Warenzeichen- und Markenschutz-Gesetzgebung als frei zu betrachten wären und daher von jedermann benutzt werden dürften.

Die Informationen in diesem Werk wurden mit Sorgfalt erarbeitet. Dennoch können Fehler nicht vollständig ausgeschlossen werden und die Diplomica Verlag GmbH, die Autoren oder Übersetzer übernehmen keine juristische Verantwortung oder irgendeine Haftung für evtl. verbliebene fehlerhafte Angaben und deren Folgen.

Alle Rechte vorbehalten

© disserta Verlag, Imprint der Diplomica Verlag GmbH
Hermannstal 119k, 22119 Hamburg
http://www.disserta-verlag.de, Hamburg 2015
Printed in Germany

Für Manfred Schocker

20.8.1970 - 22.11.2006

*Da wo Du jetzt bist, können wir
  Dich nicht spüren,
doch Deine Werke werden uns in
  Gedanken stets zu Dir führen.*

Ich möchte an dieser Stelle die einleitenden Worte aus dem Journal of Algebraic Combinatorics von 2008 (Volume 28, Issue 1 and 2) zitieren, die von Nantel Bergeron, Frédéric Patras, Arun Ram, Christophe Reutenauer sowie den weiteren Editoren dieses Volumes zu Manfred Schockers Ehren verfasst worden sind. Sie drücken, so finde ich, sehr gut aus, was viele seiner Mitmenschen nach dem tragischen Tod von Manfred Schocker dachten:

"Manfred Schocker was a man full of life: he was dynamic and cheerful; he was a force of nature. It is difficult to imagine that he is with us no more. It is especially difficult when we look at his photographs. We can but stare, without understanding. This volume of Journal of Algebraic Combinatorics is intended as a tribute to him, a way to pay our respects.

Manfred comes from the algebraic combinatorics group at Kiel in the north of Germany. Manfreds adviser was Hartmut Laue and Manfred, Laue, Dieter Blessenohl and Armin Jöllenbeck, a co-student of Manfred, worked together often. Legend has it that they met in the university cafeteria where they explored and discussed a broad spectrum of mathematics. It was certainly a very special atmosphere. According to Laue, Manfred, as a student, carried the energy into the night, and worked very late. He continued this late night working pattern throughout his career, in Montreal, Oxford and Swansea.

After his PhD in Kiel in 2001, Manfred went to Montreal for one year, in a postdoctoral position under Christophe Reutenauer, and then to Oxford for two years, with Karin Erdmann. Thus he moved overseas twice in one year, with the whole family, his wife Ingke, and their sons Lasse and Bosse. After that he obtained a position at the University of Swansea, in Wales.

Be it the Solomon Algebra, the Free Lie Algebra or Character Theory, Manfred had a deep insight in all the subjects he considered, the kind of insight one develops when one thinks very often about a subject and tries to solve all the problems that may arise, great and small. He was both a great theoretician and a great calculator. Manfreds work contains deep results on, among other things, the descent algebra, the free Lie algebra and noncommutative character theory of the symmetric group. He wrote a remarkable book on this latter subject with Blessenohl, which appeared in 2005, and where Jöllenbecks theory was explained and developed. A second volume was in preparation.

Manfred explored, alone or with co-authors, the beautiful links between combinatorics and algebra. In one result, obtained in his early work in collaboration with Jöllenbeck, they showed elegantly how to take advantage of the major index in Klyachkos idempotent, introduced in the 70s. The Klyachko idempotent is an element of the group algebra of the symmetric group where the coefficient of a permutation depends on its major index, a combinatorial statistic introduced by MacMahon at the beginning of the 20th century which is now a central concept for many combinatorialists. Manfred and Armin showed how the Klyachko idempotent may be used to compute the multiplicities of the irreducible representations of the symmetric group in the Lie representation and thus explain the formula of Kraskiewicz-Weyman which involves the major index of Young tableaux. The results of Klyachko and Kraskiewicz-Weyman had been known independently for 10 years and the problem of relating them was a good one. It is exactly that problem that was answered by Manfred and Armin.

Another remarkable result obtained by Manfred, together with Dieter Blessenohl and Christophe Hohlweg, is the symmetry of the Solomon homomorphism; the latter maps the descent algebra of a finite Coxeter group onto its character ring. Manfred wrote many articles in his short career: 23 according to Mathematical Reviews. The present volume contains one of Manfreds unfinished papers (written up by Nantel Bergeron) and also an article he wrote with Frédéric Patras, which was finished and accepted before his death.

Let us quote Pr. Aubrey Truman, of the University of Swansea, in his address in 2006: I only knew Manfred for just over 2 years but it was already obvious to me that he was a star. In my department there are many brilliant researchers, many gifted teachers who really care about their students and many wonderfully warm human beings. Manfred had all these qualities and in addition he had a charismatic personality. It is no exaggeration to say that he was loved by students and staff alike. His smiling eyes with their perpetual twinkle would disarm anyone. He had the advantage of being young and good looking and was even awarded a certificate by the students last summer for being the best dancer on our staff. The students found him irresistible and gravitated towards his courses and projects. The sudden death of Manfred in 2006 is a tragedy for us, for his family, and for the mathematical community."

Inhaltsverzeichnis

Einleitung   **9**

1 Idempotente Monoidalgebren und $K\Pi_n$ **21**
    1.1 Ableitung, Radikal und Radikalfaktorstruktur 21
    1.2 Offene Fragen 33
    1.3 Übungsaufgaben 33

2 Idempotente, Basiswechsel und Radikalkomplemente   **35**
    2.1 Idempotente, Basiswechsel und Radikalkomplemente 35
    2.2 Offene Fragen 38
    2.3 Übungsaufgaben 38

3 Dimensionen   **41**
    3.1 Dimensionen und untere Schranken für die Solomons-Tits-Algebra und ihrer Radikalfaktorstruktur 41
    3.2 Offene Fragen 49
    3.3 Übungsaufgaben 49

4 Über Links- und Rechtsideale   **51**
    4.1 Einbettungen 51
    4.2 Hauptlinks-, Hauptrechts- und Hauptideale 54
    4.3 Offene Fragen 64
    4.4 Übungsaufgaben 64

5 Duo-Algebren   **67**
    5.1 Ein Lemma von Tadashi Nakayama 67
    5.2 Kennzeichnungen von Duo-Algebren 70
    5.3 Eine notwendige Lie-Bedingung 73
    5.4 Duo-Eigenschaft von $K\Pi_n$ und D_n 74
    5.5 Offene Fragen 76
    5.6 Übungsaufgaben 76

6 Cartan-Teilalgebren 81
6.1 Cartan-Teilalgebren und Pierce-Komponenten in auflösbaren zerfallenden Algebren 81
6.2 Cartan-Teilalgebren und Pierce-Komponenten von $K\Pi_n$ . . . 83
6.3 Offene Fragen 87
6.4 Übungsaufgaben 87

7 Carter-, p'-Hall- und p-Sylow-Untergruppen 89
7.1 Carter-Untergruppen von $E(K\Pi_n)$ 89
7.2 p-Sylow- und p'-Hall-Untergruppen in Einheitengruppen auflösbarer assoziativer Algebren 90
7.3 Konsequenzen für die Einheitengruppe von $K\Pi_n$ 92
7.4 Offene Fragen 93
7.5 Übungsaufgaben 93

8 Das Zentrum 95
8.1 Das Zentrum von $K\Pi_n$ 95
8.2 Das Zentrum von Π_n 96
8.3 Das Zentrum der Einheitengruppe von $K\Pi_n$ 99
8.4 Offene Fragen 102
8.5 Übungsaufgaben 102

9 Stagnation von Zentralreihen 105
9.1 Stagnation von Lie-Zentralreihen 105
9.2 Stagnation von Gruppen-Zentralreihen 107
9.3 Ein Summen-Produkt-Lemma 107
9.4 Stagnation der absteigenden Zentralreihe der Einheitengruppe von $K\Pi_n$ und D_n 111
9.5 Offene Fragen 114
9.6 Übungsaufgaben 114

10 Nilpotenzklassen und auflösbare Stufen 117
10.1 Nilpotenzklassen und auflösbare Stufen der assoziierten Lie-Algebra 118
10.2 Nilpotenzklassen und auflösbare Stufen der Einheitengruppe von $K\Pi_n$ und D_n 120
10.3 Offene Fragen 128
10.4 Übungsaufgaben 128

11 Das Nilradikal und die Fitting-Untergruppe 131
11.1 Das Nilradikal einer auflösbaren Algebra 131
11.2 Die Fitting-Untergruppe der Einheitengruppe einer auflösbaren Algebra 133
11.3 Offene Fragen 137

11.4 Übungsaufgaben 137

12 Halbeinfache Links- und Rechtsideale 139
12.1 Halbeinfache Links- und Rechtsideale und
Pierce-Orthogonalität in auflösbaren Algebren 139
12.2 Konsequenzen für $K\Pi_n$ und D_n 142
12.3 Offene Fragen 146
12.4 Übungsaufgaben 146

13 Antiautomorphismen 149
13.1 Dimensionen maximal halbeinfacher Rechts- und Linksideale
von D_n 149
13.2 Antiautomorphismen von D_n 151
13.3 Dimensionen projektiv unzerlegbarer Links- und Rechtsideale
von $K\Pi_n$ 159
13.4 Antiautomorphismen von $K\Pi_n$ 163
13.5 Offene Fragen 168
13.6 Übungsaufgaben 168

14 Irreduzible Charakter-Werte 171
14.1 Teilhalbgruppen und irreduzible Charaktere von $K\Pi_n$ 171
14.2 Offene Fragen 180
14.3 Übungsaufgaben 180

Tabellenverzeichnis 183

Abbildungsverzeichnis 185

Literaturverzeichnis 185

Index 188

Einleitung

Die Algebra

Sie ist strukturierend und klar,
voller Witz und Wunder, wenn man ist ihr nah.
Sie bleibt selten auf einer ihrer Schienen,
sondern verbindet die Disziplinen.
Sie zieht mich in ihren Bann,
in dem ich auch mal rechnen kann.
Ein Leben lang mag ich an sie denken,
ob sie mir wird weitere Ergebnisse schenken?
Sie ist einfach wunderbar,
die Königin, die Algebra.

(Sven Wirsing, im Mai 2013)

Im Jahre 2003 hielt Manfred Schocker im Oberseminar Algebrentheorie an der Christian-Albrechts-Universität zu Kiel einen Vortrag über seine neuesten Forschungsergebnisse zu der Modul-Struktur der Solomon-Tits-Algebra $\mathcal{T}_n$ der symmetrischen Gruppe S_n, die später in dem Artikel [16] im Journal of Algebra von ihm veröffentlicht worden sind (Eine Vorversion zu diesem Artikel ist im Internet unter http://arxiv.org/abs/math/0505137 frei zugänglich.). Zu dieser Zeit war ich als Promotions-Student Teilnehmer an diesem Oberseminar, dass von den Professoren Dieter Blessenohl und meinem Doktorvater Hartmut Laue geleitet wird. Der anregende Vortrag von Manfred Schocker war eine der Motivationen, mich näher mit $\mathcal{T}_n$ zu befassen.

Die Solomon-Tits-Algebra leitet sich von einer speziellen Halbgruppenstruktur auf der Menge der Simplizes eines Coxeter[1]-Komplexes assoziiert zur

---

[1] Harold Scott MacDonald Coxeter (geboren am 9. Februar 1907 in London, gestorben am 31. März 2003 in Toronto) war ein britisch-kanadischer Mathematiker. Sein Arbeitsgebiet war die Geometrie, unter anderem beschäftigte er sich mit regulären Polytopen. Coxeter galt in englischsprachigen Ländern und darüber hinaus als führende Autorität in klassischer Geometrie, worüber er bekannte Lehrbücher verfasste. Er betrieb geometrische Forschung zu einer Zeit, als die Geometrie allgemein als abseits des mathematischen Mainstreams gelegen betrachtet wurde. Besonders bekannt waren sein Buch und seine Arbeiten über reguläre Polytope der verschiedensten Art. Er interessierte sich auch für

symmetrischen Gruppe ab. Sie wurde ursprünglich von Jacques Tits in einem Anhang zu der Arbeit von Louis Solomon in [18] betrachtet. Die Simplizes stehen in 1-1-Korrespondenz zu den geordneten Mengenpartitionen Π_n der Menge $\underline{n} := \{1, \cdots, n\}$. Die Halbgruppenstruktur auf der Menge der Simplizes des Coxeter-Systems findet ihr Analogon auf der Menge der geordneten Mengenpartitionen wieder: Sind $(P_1, \cdots, P_l)$ und $(Q_1, \cdots Q_k)$ zwei geordnete Mengenpartitionen, so ist ihr Produkt $\wedge_n$ definiert durch

$$(P_1, \cdots, P_l) \wedge_n (Q_1, \cdots, Q_k) :=$$
$$(P_1 \cap Q_1, P_1 \cap Q_2, \cdots, P_1 \cap Q_k, \cdots, P_l \cap Q_1, P_l \cap Q_2, \cdots, P_l \cap Q_k)^\emptyset.$$

Das Symbol $^\emptyset$ bedeutet, das leere Mengen aus diesem Tupel entfernt werden. Es kann eingesehen werden, dass die Verknüpfung eine Halbgruppenstruktur auf Π_n definiert, sowie $(\underline{n})$ neutral und jedes Element von Π_n ein Idempotent bzgl. $\wedge_n$ ist. Ist K ein Körper, so ist die zu $\mathcal{T}_n$ isomorphe Monoidalgebra $K\Pi_n$ in diesem Buch der Gegenstand der Forschung: die Solomon-Tits-Algebra der symmetrischen Gruppe.

Manfred Schocker beschreibt in seinem Artikel die Modul-Struktur der Solomon-Tits-Algebren der symmetrischen Gruppen. Diese Beschreibung beinhaltet u.a. die Konstruktion primitiver Idempotente, die Zerlegung in unzerlegbare Prinzipal-Moduln (PIM), die Beschreibung der Cartan[2]-Matrix, die Bestimmung der Nilpotenzlänge des Jacobson[3]-Radikals, eine Beschreibung eines

---

Unterhaltungsmathematik, besorgte die Neuauflage des Klassikers von W. W. Rouse Ball Mathematical Recreations and Essays und schrieb über den mathematischen Hintergrund der Graphiken von M. C. Escher. Coxeter befasste sich zudem mit kombinatorischer Gruppentheorie und der Theorie der Lie-Algebren. Nach Coxeter wurden unter anderem der Todd-Coxeter-Algorithmus und die Coxeter-Gruppen benannt. Ihm zu Ehren wird der Coxeter-James-Preis der Canadian Mathematical Society vergeben.

[2]Élie Joseph Cartan (geboren am 9. April 1869 in Dolomieu, Dauphiné, gestorben am 6. Mai 1951 in Paris) war ein französischer Mathematiker, der bedeutende Beiträge zur Theorie der Lie-Gruppen und ihrer Anwendungen lieferte. Er leistete darüber hinaus bedeutende Beiträge zur mathematischen Physik und zur Differentialgeometrie. Élie Cartan ist hauptsächlich bekannt für seine Untersuchungen zur Klassifikation halbeinfacher komplexer Lie-Algebren und seine Beiträge zur Differentialgeometrie. Nach ihm sind viele Konzepte der Theorie der Lie-Algebren wie Cartan-Unteralgebren, die Cartan-Involution und die Cartan-Matrix benannt. In der Differentialgeometrie tragen die Cartan-Ableitung und Maurer-Cartan-Gleichungen seinen Namen; manchmal werden auch Zusammenhänge auf Prinzipalbündeln (Hauptfaserbündel) als Cartan-Zusammenhänge bezeichnet. Sein Sohn Henri Cartan wurde ebenfalls ein bedeutender Mathematiker. Ein nach ihm benannter Mathematikpreis (Prix Élie Cartan) wird von der Academie des Sciences verliehen.

[3]Nathan Jacobson (geboren am 5. Oktober 1910 in Warschau, gestorben am 5. Dezember 1999 in Hamden, Connecticut) war ein US-amerikanischer Mathematiker, der sich mit Algebra beschäftigte. 1934 promovierte er bei Joseph Wedderburn an der Princeton University (Non commutative polynomials and cyclic algebras). 1935/36 lehrte er am Bryn Mawr College als Nachfolger von Emmy Noether. 1936/37 war er mit einem Stipendium des National Research Council an der Universität Chicago bei Abraham Adrian Albert und Leonard Dickson. Jacobson war vor allem für seine Arbeit in der Theorie der Ringe bekannt (Jacobson-Radikal, Dichtesatz von Jacobson) sowie über Lie-Algebren und nicht-assoziative Algebren wie Jordan-Algebren. Außerdem verfasste er zahlreiche

Radikalkomplementes mit orthogonalen unzerlegbaren Idempotenten, eine Beschreibung des Ext-Quivers und der absteigenden Loewy[4]-Reihe, um nur einige der Ergebnisse aus seinem Artikel zu nennen. Die Grundlage seiner Resultate ist der Übergang von der natürlichen Basis Π_n aus Idempotenten zu einer neuen Basis aus Idempotenten, mit denen Manfred Schocker seine Untersuchungen durchführt. Seine Ergebnisse bilden die Basis einiger Ergebnisse in diesem Buch.

Die symmetrische Gruppe S_n agiert auf der Menge Π_n in natürlicherweise auf den Komponenten ihrer Elemente durch $(P_1, \cdots, P_l)\alpha := (P_1\alpha, \cdots, P_l\alpha)$ für alle $(P_1, \cdots, P_l) \in \Pi_n$ und $\alpha \in S_n$. Diese Gruppenaktion respektiert das Produkt $\wedge_n$ auf Π_n, also ist der Fixraum von S_n in $K\Pi_n$ eine Teilalgebra der Solomon-Tits-Algebra. Patrick Bidigare zeigt in seinem Artikel [5], dass dieser Fixraum zu der sogenannten Solomon-Algebra D_n isomorph ist, eine Algebra, die in der Darstellungstheorie der symmetrischen Gruppen eine wichtige Rolle spielt und in vielen neuen Artikeln und Arbeiten ins Blickfeld der Forschung gerückt ist. Eine gute Literaturübersicht hierzu ist z.B. in den Arbeiten von Manfred Schocker [16] und Thorsten Bauer [3] enthalten.

Das Einwirken der Solomon-Algebra in verschiedenen kombinatorischen und algebraischen Kontexten veranlaßte Thorsten Bauer, sich in seiner Dissertation [3] mit der algebraischen Struktur der Solomon-Algebren (im nicht modularen Fall) zu beschäftigen. Ein wesentlicher Schritt hierbei ist es wieder, eine neue Basis zu finden, mit der sich diese Struktur analysieren läßt. Thorsten Bauer beschreibt in seiner Dissertation u.a. die Stagnation der absteigenden und aufsteigenden Lie-Zentralreihen der Solomon-Algebra, ihre Derivationen und Algebrenautomorphismen, und er analysiert im Kontext von sogenannten auflösbaren assoziativen Algebren die Carter-Untergruppen

---

Algebra-Lehrbücher. Jacobson war Mitglied der National Academy of Sciences und der American Academy of Arts and Sciences. 1971 bis 1973 war er Präsident der American Mathematical Society (AMS). 1998 erhielt er deren Leroy P. Steele Prize für sein Lebenswerk. Zu seinen Doktoranden zählen Charles Curtis und George Seligman.

[4]Alfred Loewy (geboren am 20. Juni 1873 in Rawitsch bei Posen; gestorben am 25. Januar 1935 in Freiburg im Breisgau) war ein deutscher Mathematiker. Loewy, der aus einer streng orthodoxen jüdischen Familie stammt, besuchte 1891 bis 1895 die Universitäten von Breslau, München, Berlin und Göttingen. 1894 wurde er bei Ferdinand Lindemann an der Universität München promoviert (Über die Transformation einer quadratischen Form in sich selbst mit Anwendungen auf die Linien- und Kugelgeometrie). 1897 habilitierte er sich an der Albert-Ludwigs-Universität Freiburg, wo er 1902 außerordentlicher Professor, 1916 Honorarprofessor und 1919 Professor wurde. 1933 wurde er durch die Nationalsozialisten zwangspensioniert. Loewy hatte Probleme mit den Augen und war seit 1916 einseitig und nach einer misslungenen Operation 1928 vollständig blind. Loewy arbeitete über die lineare Substitutionsgruppen, der Reduktion algebraischer Gleichungen und Galoistheorie, der Theorie linearer homogener Differentialgleichungen (wo er Methoden der Gruppentheorie anwandte) und Stieltjesintegralen. Außerdem befasste er sich mit Versicherungsmathematik. Zu seinen Doktoranden zählen Wolfgang Krull und Friedrich Karl Schmidt und zu seinen Studenten Ernst Witt, Bernhard Neumann, Richard Brauer und Reinhold Baer. Er war der angeheiratete Onkel des Mathematikers Adolf Fraenkel, den er systematisch förderte. 1912 wurde Loewy zum Mitglied der Leopoldina berufen.

der Einheitengruppe sowie die Cartan-Teilalgebren der assoziierten Lie-Algebra. Dies mündet in dem rundem Ergebnis, dass die Einheitengruppen der Cartan-Teilalgebren genau die Carter-Untergruppen sind.

Seine Analysen und Ergebnisse sind für mich der zweite Anreiz, mich mit der Struktur der Solomon-Tits-Algebren der symmetrischen Gruppen auseinanderzusetzen, und zwar hinsichtlich folgender Fragestellungen:

- Können die Schlussweisen von Thorsten Bauer zu den Solomon-Algebren so verallgemeinert werden, dass sie auch für die Solomon-Tits-Algebren anwendbar sind?

- Gibt es weitere Zusammenhänge bzgl. der Einheitengruppe und der assoziierten Lie[5]-Algebra einer auflösbaren assoziativen Algebra?

- Welche Erkenntnisse gibt es zu der assoziativen Struktur der Solomon-Tits-Algebren, welche zu ihren assoziierten Lie-Algebren, welche zu ihren Einheitengruppen?

- Sind diese Erkenntnisse auch übertragbar auf die Solomon-Algebren?

Diese Fragestellungen werden in diesem Buch natürlich nicht allumfassend beantwortet, doch bilden sie den Leitfaden für die Analysen, die hier dargelegt werden. Diese schildern wir nun abschliessend im Rahmen dieser Einleitung. Es wird dabei deutlich, dass assoziative auflösbare zerfallende Algebren mit selbstzentralen Radikalkomplementen eine übergeordnete Rolle spielen.

$$* * *$$

Das erste Kapitel hat einleitenden Charakter. Da $K\Pi_n$ eine assoziative idempotente Monoidalgebra ist, betrachten wir in diesem allgemeineren Kontext

---

[5]Marius Sophus Lie (geboren am 17. Dezember 1842 in Nordfjordeid, gestorben am 18. Februar 1899 in Kristiania, heute Oslo) war ein norwegischer Mathematiker. Lie studierte von 1859 bis 1865 in Christiania (später Kristiania, heute Oslo) Naturwissenschaften und hörte 1862 bei Peter Ludwig Mejdell Sylow Vorlesungen über Gruppentheorie. Ausschlaggebend für Lies weitere Laufbahn wurde die Bekanntschaft und Freundschaft mit Felix Klein, mit dem er 1870 nach Paris reiste und gemeinsame Arbeiten über Transformationsgruppen schrieb. 1872 wurde Lie Professor in Christiania, und 1886 wurde er als Nachfolger Kleins (der nach Göttingen wechselte) nach Leipzig berufen. Lie begründete die Theorie der kontinuierlichen Symmetrie und verwendete sie zur Untersuchung von Differentialgleichungen und geometrischen Strukturen. Kontinuierliche oder stetige Symmetrieoperationen sind zum Beispiel Verschiebungen und Drehungen um beliebige, auch infinitesimale, Beträge, im Unterschied zu diskreten Symmetrieoperationen wie zum Beispiel Spiegelungen. Auf der Grundlage seiner Arbeiten wurde u. a. ein Algorithmus zur numerischen Integration von Differentialgleichungen entwickelt (Lie-Integration) oder auch die Methode der Fußpunkt-Transformation. Um stetige Transformationsgruppen (heute Lie-Gruppen genannt) zu untersuchen und anzuwenden, linearisierte er die Transformationen und untersuchte die infinitesimalen Erzeugenden. Die Verknüpfungseigenschaften der Lie-Gruppe können durch Kommutatoren der Erzeugenden ausgedrückt werden; die Kommutator-Algebra der Erzeugenden heißt heute Lie-Algebra.

folgende Thematiken, die teilweise auch schon von Kenneth Brown in [6] mit Hilfe einer Äquivalenzrelation auf einem idempotenten Monoid M analysiert worden sind und hier teilweise neu bewiesen und um neue Erkenntnisse ergänzt werden:

- Beschreibung des assoziativen Radikals von KM mittels einer Äquivalenzrelation auf M

- Beschreibung der Radikalfaktorstruktur von KM, für die der Körper ein Zerfällungskörper ist (insbesondere auch für die Solomon-Algebra)

- Zerlegung der Monoidalgebra in lokale Komponenten mittels der Äquivalenzrelation auf M

- Identifikation der Ableitung (im assoziativen wie auch im Lie-Sinne) als das Radikal der assoziativen Algebra KM

- Beschreibung, wann KM kommutativ, separabel, halbeinfach, einfach oder eine Divisionsalgebra ist

- Beispiele zu selbstzentralen Radikalkomplementen der assoziativen auflösbaren Algebren $K\Pi_1$, $K\Pi_2$ und $K\Pi_3$.

In Kapitel 2, das weiterhin einen einleitenden Charakter hat, fassen wir einige Hauptergebnisse der Analyse von Manfred Schocker aus [16] bzgl. $K\Pi_n$ zusammen, angereichert um neue Erkenntnisse:

- Übergang zu einer neuen Basis für $K\Pi_n$, mit der Manfred Schocker seine Resultate in [16] durchsichtig darstellt

- Beschreibung des Radikals und eines Radikalkomplementes bzgl. dieser neuen Basis

- Beschreibung sämtlicher Idempotente in $K\Pi_n$

- Betrachtung der K-Raum Summe aller Idempotente in $K\Pi_n$

- Betrachtung der beiden Extremfälle der K-Raum Summe aller Idempotente (identisch mit einem Radikalkomplement oder mit der ganzen Algebra) in auflösbaren Algebren.

In Kapitel 3 klären wir folgende Thematiken bzgl. Dimensionsbetrachtungen zur Solomon-Tits-Algebra:

- Dimension von $K\Pi_n$: Formeln für die Anzahl der Menge der geordneten Mengenpartitionen

- Dimension der Radikalfaktorstruktur: Anzahlformeln ungeordneter Mengenpartitionen (Bell-Zahlen, Stirling-Zahlen)

- Dimension des Radikals als Differenz dieser Dimensionen
- Wachstumsbetrachtungen dieser Dimensionen
- untere Schranken für diese Dimensionen durch die Solomon-Algebra.

Das vierte Kapitel betrachtet folgende Thematiken bzgl. Links- und Rechtsidealen zur Solomon-Tits-Algebra:

- Einbettungen von $K\Pi_n$ in $K\Pi_{n+1}$: Hauptrechtsidealeigenschaft und Komplemente ihrer Bilder
- $K\Pi_n$ und (Quasi)-Frobeniusalgebren
- $K\Pi_n$ und Uniserialität
- $K\Pi_n$ und Lokalität
- Teilalgebren von $K\Pi_n$ isomorph zu Gruppenalgebren symmetrischer Gruppen
- eine spezielle Idealkette in $K\Pi_n$ basierend auf der Längenfunktion auf Π_n
- Beispiele für Hauptlinksideale von $K\Pi_n$, die keine Hauptrechtsideale und keine Hauptideale sind (und entsprechende Beispiele für die anderen Variationen).

In Kapitel 5 behandeln wir exkursartig einige Thematiken aus der Theorie der Duo-Algebren angeregt durch die Frage nach einem simultanen Erzeuger für Ideale, die sowohl ein Rechts- als auch ein Linkshauptideal sind, in Bemerkung 12 am Ende des vorherigen Kapitels:

- positive Beantwortung der einleitenden Frage der Existenz eines simultanen Erzeugers im Rahmen von Bi-Moduln
- ausgewählte Konsequenzen der Existenz eines simultanen Erzeugers
- bekannte Kennzeichnungen von Duo-Algebren und Erweiterungen mit Hilfe der Existenz eines simultanen Erzeugers
- eine notwendige Lie-Bedingung für Duo-Algebren und ihre Anwendung auf $K\Pi_n$ und D_n.

Das sechste Kapitel behandelt folgende Thematiken zu Cartan-Teilalgebren der assoziierten Lie-Algebra von $K\Pi_n$ und allgemeiner einer assoziativen auflösbaren Algebra:

- Beschreibung der Cartan-Teilalgebren der assoziierten Lie-Algebra von endlich-dimensionalen assoziativen unitären Algebren mit diagonalisierbarer Radikalfaktorstruktur durch Pierce-Komponenten

- Kriterium für die Existenz eines selbstzentralen Radikalkomplementes durch spezielle Pierce-Komponenten

- Beschreibung der ganzen Algebra, des Radikals und der Radikalkomplemente mit Hilfe von Pierce-Komponenten bei Vorliegen von selbstzentralen Radikalkomplementen in auflösbaren zerfallenden assoziativen Algebren

- Selbstzentralität der Radikalkomplemente der assoziierten Lie-Algebra von $K\Pi_n$

- Beschreibung der Cartan-Teilalgebren von $K\Pi_n$.

Kapitel 7 behandelt folgende Thematiken zur der auflösbaren Einheitengruppe von $K\Pi_n$ und allgemeiner einer auflösbaren assoziativen Algebra:

- Beschreibung der Carter-Untergruppen von $E(K\Pi_n)$ mit Hilfe allgemeiner Resultate aus [3]

- Beschreibung, wann die Einheitengruppe von $K\Pi_n$ abelsch bzw. nilpotent ist

- Bestimmung der p-Sylow-[6]Untergruppe der Einheitengruppe einer auflösbaren assoziativen unitären endlich-dimensionalen K-Algebra über einen endlichen Körper der Charakteristik p

- Beschreibung und Bestimmung der Anzahl der p'-Hall-[7]Untergruppen der Einheitengruppe einer auflösbaren assoziativen unitären endlich-

---

[6]Peter Ludwig Mejdell Sylow (geboren am 12. Dezember 1832 in Christiania, heute Oslo; gestorben am 7. September 1918 Oslo) war ein norwegischer Mathematiker, der grundlegende Arbeiten zur Gruppentheorie verfasste. Sylow studierte an der Universität Oslo und gewann 1853 einen Mathematikwettbewerb. In den Jahren 1858 bis 1898 unterrichtete er an der Schule von Fredrikshald. 1862 war er ersatzweise Dozent an der Universität Christiania, wo er die Galoistheorie unterrichtete. Die drei nach ihm benannten Sylow-Sätze bewies er 1872. Zusammen mit Sophus Lie überarbeitete Sylow zwischen 1873 und 1881 das gesamte Werk von Niels Henrik Abel. Laut Lie hatte Sylow die maßgebliche Arbeit dazu geleistet. 1894 wurde Sylow Herausgeber der Acta Mathematica und erhielt die Ehrendoktorwürde der Universität Kopenhagen. Lie richtete 1898 für Sylow einen eigenen Lehrstuhl an der Universität Christiania ein.

[7]Philip Hall (geboren am 11. April 1904 in Hampstead, London; gestorben am 30. Dezember 1982 in Cambridge) war ein englischer Mathematiker, der sich mit Gruppentheorie und Kombinatorik beschäftigte. Die Lektüre von William Burnsides Buch interessierte ihn für die Gruppentheorie. Im Juni 1939 hielt er Vorträge in Göttingen auf einer Gruppentheorie-Konferenz auf Einladung von Helmut Hasse, die in Crelle's Journal 1940 erschienen. Hall leistete zahlreiche wichtige Beiträge zur Gruppentheorie. 1928 verallgemeinerte er die Sylow-Sätze der Theorie endlicher auflösbarer Gruppen. 1934 erschien sein berühmter Aufsatz 'A contribution to the theory of groups of prime power order', in dem er reguläre p-Gruppen untersuchte, sowie Kommutatorgruppen und Zusammenhänge mit Lie-Ringen und deren Identitäten (Hall-Witt-Identitäten). Viele seiner Ergebnisse präsentierte er nur in Vorlesungen. Die Hall-Littlewood-Polynome und die Hall-Algebra in der Darstellungstheorie stellte er z.B. in Vorlesungen in St Andrews 1955 vor. Er ist auch

dimensionalen K-Algebra über einen endlichen Körper der Charakteristik p

- Zusammenhang zwischen Carter-Untergruppen und p'-Hall-Untergruppen Untergruppen der Einheitengruppe einer auflösbaren assoziativen unitären endlich-dimensionalen K-Algebra über einen endlichen Körper der Charakteristik p

- Folgerungen aus den letzten beiden Thematiken für $E(K\Pi_n)$ wie z.B. die Selbstzentralität der p'-Hall-Untergruppen.

Das Zentrum von $K\Pi_n$ und das ihrer Einheitengruppe stehen im Fokus von Kapitel 8:

- Zentralität von $K\Pi_n$

- Beschreibung des Zentrums von $K\Pi_n$ durch Schnittbildung der Radikalkomplemente

- direkte Unzerlegbarkeit von $K\Pi_n$

- Beschreibung des Zentrums von Π_n mittels einer Äquivalenzrelation auf Π_n (siehe Kapitel 1)

- interne Beschreibung des Zentrums der Einheitengruppe sowie von außen durch Schnittbildung der Carter-Untergruppen

- Zusammenhang des Zentrums der Einheitengruppe und der Einheitengruppe des Zentrums von $K\Pi_n$.

Das neunte Kapitel behandelt folgende Thematiken zur Stagnation von Lie- und Gruppen-Zentralreihen:

- Stagnation der aufsteigenden Zentralreihe der assoziierten Lie-Algebra einer endlich-dimensionalen assoziativen unitären auflösbaren Algebra mit selbstzentralem Radikalkomplement beim Zentrum

- Stagnation der absteigenden Zentralreihe der assoziierten Lie-Algebra einer endlich-dimensionalen assoziativen unitären auflösbaren Algebra mit selbstzentralem Radikalkomplement bei der Ableitung

---

für den Heiratssatz in der Kombinatorik bekannt (1935). 1942 wurde Hall als Mitglied in die Royal Society gewählt, die ihm 1961 die Sylvester-Medaille verlieh. 1958 erhielt er den Senior Berwick-Preis der London Mathematical Society und 1965 ihren Larmor-Preis und die De Morgan-Medaille. 1955 bis 1957 war er ihr Präsident, nachdem er 1938 bis 1941 und 1945 bis 1948 ihr Honorary Secretary war. Zu seinen Doktoranden zählen Kurt Hirsch, Bernhard Neumann, Garrett Birkhoff, James Alexander Green, Karl Gruenberg und Brian Hartley. Auch Graham Higman war sein Schüler.

- Stagnation der aufsteigenden Zentralreihe der Einheitengruppe einer endlich-dimensionalen assoziativen unitären auflösbaren Algebra mit selbstzentralem Radikalkomplement beim Zentrum

- Konsequenzen für $K\Pi_n$ und D_n zu diesen drei allgemeiner analysierten Punkten

- Stagnation der absteigenden Zentralreihe der Einheitengruppe von $K\Pi_n$ und D_n bei der Ableitung (mit Hilfe von allgemeinen Kommutatorrechnungen zu Pierce-Komponenten und eines allgemeinen Summen-Produkt-Lemmas, das eine K-Raum-Summe mit Hilfe von Kommutatoren aus der Einheitengruppe darstellt).

In Kapitel 10 behandeln wir folgende Thematiken zu Nilpotenzklassen und auflösbaren Stufen:

- Ermittlung des Lie-Produktes[8] von k und l-stelligen assoziativen Radikalpotenzen der assoziierten Lie-Algebra einer endlich-dimensionalen assoziativen unitären auflösbaren Algebra A mit selbstzentralem diagonalisierbarem Radikalkomplement

- Bestimmung der absteigenden Zentralreihe von $rad(A)^\circ$

- Rückführung der Nilpotenzklasse von $rad(A)^\circ$ auf die von $rad(A)$

- Bestimmung der Kommutatorreihe von $rad(A)^\circ$, A°, $rad(A)$ und A

- Beschreibung der auflösbaren Stufe dieser vier auflösbaren Strukturen mit Hilfe der Nilpotenzklasse von $rad(A)$

- Konsequenzen dieser Resultate für D_n und $K\Pi_n$

- Ermittlung des Kommutators von k und l-stelligen assoziativen um Eins verschobenen Radikalpotenzen von D_n und $K\Pi_n$ (mit Hilfe des Summen-Produkt-Lemmas sowie durch Rückführung von gewissen Gruppen-Kommutatoren auf Lie-Produkte)

- Berechnung der absteigenden Zentralreihen der Eins-Einheiten[9] von D_n und $K\Pi_n$

- Rückführung der Nilpotenzklasse dieser Eins-Einheiten auf die des assoziativen Radikals

- Berechnung der absteigenden Kommutator-Reihen dieser Eins-Einheiten und der Einheitengruppen von D_n und $K\Pi_n$

---

[8]Für jede assoziative Algebra A wird durch die Verknüpfung $a \circ b := ab - ba$ für alle $a, b \in A$ eine Lie-Algebra A° definiert.

[9]Eins-Einheiten sind Einheiten einer assoziativen unitären Algebra der Form $1 + r$, wobei r ein Element des Nilradikals ist. Die Menge der Eins-Einheiten ist also $1 + rad(A)$.

- Rückführung der jeweiligen auflösbaren (Gruppen-)Stufen auf die entsprechenden der assoziativen und die der Lie-Struktur.

Kapitel 11 behandelt den Zusammenhang zwischen Fitting[10]-Untergruppe und Nilradikal für unitäre assoziative auflösbare Algebren motiviert durch Analysen zwischen Carter-Untergruppen und Cartan-Teilalgebren in der Dissertation von Thorsten Bauer in [3]:

- Vorbetrachtung zur allgemeinen Jordan[11]-Zerlegung der adjungierten Darstellung in einer assoziierten Lie-Algebra einer assoziativen Algebra

- Ermittlung des Nilradikals der assoziierten Lie-Algebra einer endlichdimensionalen assoziativen unitären auflösbaren Algebra mit separabler Radikalfaktorstruktur

- Ermittlung des Nilradikals der Lie-Algebren $(D_n)^\circ$ und $(K\Pi_n)^\circ$

- Ermittlung der Fitting-Untergruppe der Einheitengruppe einer endlichdimensionalen assoziativen unitären auflösbaren Algebra mit separabler Radikalfaktorstruktur

---

[10]Hans Fitting (geboren am 13. November 1906 in Mönchengladbach; gestorben am 15. Juni 1938 in Königsberg (Preußen)) war ein deutscher Mathematiker, der sich mit Algebra befasste und vor seinem frühzeitigen Tod wichtige Konzepte der Theorie endlicher Gruppen entwickelte. Hans Fitting war der Sohn eines Mathematik-Gymnasiallehrers und studierte Mathematik, Physik und Philosophie in Tübingen und Göttingen. Dort wurde er 1931 bei Emmy Noether promoviert. Fitting bewies Struktursätze für endliche Gruppen, wo die Fitting-Untergruppe nach ihm benannt ist. Sie wird von allen normalen nilpotenten Untergruppen einer endlichen Gruppe G erzeugt (deren Produkt nach dem Satz von Fitting wieder normal und nilpotent ist). Diese maximale nilpotente normale Untergruppe bestimmt in gewisser Weise die Struktur auflösbarer endlicher Gruppen G. Eine entsprechende Rolle bei allgemeinen endlichen Gruppen spielt die verallgemeinerte Fitting-Untergruppe, die in den 1970er Jahren durch Helmut Bender eingeführt wurde. Nach Fitting ist auch die Fitting-Zerlegung von Lie-Algebren benannt. Das Fitting-Lemma ist ein grundlegender Satz der Algebra, der verschieden formuliert wird, aber meist in der Form eines Satzes für Endomorphismen von Moduln angegeben wird. Er besagt dann, dass ein Endomorphismus eines unzerlegbaren Moduls endlicher Länge über einem Ring entweder nilpotent oder ein Automorphismus ist.

[11]Marie Ennemond Camille Jordan, genannt Camille Jordan, (geboren am 5. Januar 1838 in Lyon; gestorben am 21. Januar 1922 in Paris) war ein französischer Mathematiker. Er hat fundamentale Beiträge zur Analysis, Gruppentheorie und Topologie geleistet. Noch heute erinnert der Begriff Jordan-Kurve an seinen Namen. Sein Lehrbuch der Gruppentheorie war im 19. Jahrhundert sehr einflussreich (es war das erste Buch über Gruppentheorie) ebenso wie sein Analysis-Lehrbuch (Cours d´Analyse). Die jordansche Normalform in der Linearen Algebra und der Satz von Jordan-Hölder in der Gruppentheorie sind nach ihm benannt. Felix Klein und Sophus Lie besuchten 1870 Paris nicht zuletzt, um bei Jordan dessen gruppentheoretische Konzepte zu studieren. Für sein Buch über Gruppentheorie erhielt er den Poncelet-Preis der Academie des Sciences. 1890 wurde er Offizier der Ehrenlegion. 1920 war er Ehrenpräsident des Internationalen Mathematikerkongresses in Straßburg.

- Zusammenhang: Die Fitting-Untergruppe ist die Einheitengruppe des Nilradikals

- Ermittlung der Fitting-Untergruppe von $E(D_n)$ und $E(K\Pi_n)$.

In Kapitel 12 werden wir halbeinfache Links- und Rechtsideale beschreiben (auch in Hinblick auf die Bestimmung der Antiautomorphismen im nächsten Kapitel). Folgende Schwerpunkte sind hier zu nennen:

- Einführung linksseitig und rechtsseitig Pierce-orthogonaler Elemente

- Beschreibung eines maximal halbeinfachen Links- und Rechtsideales mit Hilfe Pierce-orthogonaler Elemente in endlich-dimensionalen assoziativen unitären auflösbaren Algebren mit selbstzentralem Radikalkomplement

- Konjugiertheit dieser maximalen Links- und Rechtsideale in endlich-dimensionalen assoziativen unitären auflösbaren Algebren mit selbstzentralem Radikalkomplement

- Beschreibung der einfachen und halbeinfachen[12] Links- und Rechtsideales mit Hilfe Pierce-orthogonaler Elemente in endlich-dimensionalen assoziativen unitären auflösbaren Algebren mit selbstzentralem Radikalkomplement

- Konsequenzen für D_n und $K\Pi_n$.

In Kapitel 13 liegt der Fokus auf den Antiautomorphismen[13] von D_n und $K\Pi_n$ mit folgenden Analysen und Ergebnissen:

- Bestimmung der Dimension der maximal halbeinfachen Links- und Rechtsideale von D_n

- Konsequenz, dass es im Wesentlichen keine Antiautomorphismen von D_n gibt

- Bestimmung aller Antiautomorphismen in den restlichen Fällen für D_n

- Bestimmung der maximalen Dimension der projektiv unzerlegbaren Links- und Rechtsideale von $K\Pi_n$

- Konsequenz, dass es im Wesentlichen keine Antiautomorphismen von $K\Pi_n$ gibt

---

[12]Dies sind Links- und Rechtsideale, die als eigenständige Algebren halbeinfach sind. Ebenso sprechen wir auch von halbeinfachen Teilalgebren oder auch einfachen Links- und Rechtsidealen sowie einfachen Teilalgebren. Einen Modul nennen wir vollreduzibel, wenn er Summe von irreduziblen Teilmoduln ist.

[13]Auto- und Antiautomorphismen sind in diesem Buch stets K-linear, wenn sie einen Bezug zu einer K-Algebra besitzen.

- Bestimmung aller Antiautomorphismen in den restlichen Fällen für $K\Pi_n$.

Im letzten Kapitel liegt der Fokus auf den irreduziblen Charakterwerten idempotenter Monoidalgebren:

- Rekapitulation der Ermittlung der irreduziblen Charaktere (siehe auch den Artikel von Kenneth Brown [6])

- Beschreibung der Funktionswerte 0 und 1 der irreduziblen Charaktere durch Teilhalbgruppen des zugehörigen idempotenten Monoids

- Ermittlung der Mächtigkeiten dieser Teilhalbgruppen für den Fall Π_n (durch Zusammenhänge zu anderen Π_r's)

- Konsequenzen für die Rechtsideale $P \cdot K\Pi_n$ und $e_P \cdot K\Pi_n$ in $K\Pi_n$

- Konsequenzen für die Linksideale $K\Pi_n \cdot P$ und $K\Pi_n \cdot e_P$ in $K\Pi_n$.[14]

Am Ende jedes Kapitels sind jeweils die folgenden zwei Abschnitte eingefügt:

- offene Frage für weiterführende Forschungen zu diversen Thematiken (Diese Themen dienen dem interessierten Leser als Anregung für weitere Forschungen zur Solomon-Tits-Algebra der symmetrischen Gruppe. Der Autor beabsichtigt, diese Fragen als Grundlage für ein zweites Buch zu dieser Thematik zu nehmen.)

- Übungsaufgaben zur Verständniskontrolle sowie zur Vertiefung und teilweise auch zur Einleitung in neue Thematiken.

Übungsaufgabe 1 *Inwiefern stehen die geschilderten Ergebnisse im Zusammenhang mit den genannten Leitfäden für dieses Buch?*

---

[14]Dabei ist $\{e_P \mid P \in \Pi_n\}$ die von Manfred Schocker definierte neue Basis von $K\Pi_n$.

Kapitel 1

Idempotente Monoidalgebren und $K\Pi_n$

Dieses Kapitel hat einleitenden Charakter. Da $K\Pi_n$ für einen beliebigen Körper K eine assoziative idempotente Monoidalgebra ist, betrachten wir in diesem allgemeineren Kontext folgende Thematiken, die teilweise auch schon von Kenneth Brown in [6] mit Hilfe einer Äquivalenzrelation auf einem idempotenten Monoid M analysiert worden sind und hier teilweise neu bewiesen bzw. gänzlich neu betrachtet werden:

- Beschreibung des Radikals der assoziativen Algebra KM mittels einer Äquivalenzrelation $\sim$ auf M

- Klärung der Radikalfaktorstruktur der assoziativen Algebra KM: der Körper ist ein Zerfällungskörper (insbesondere auch für die Solomon-Algebra), und KM ist auflösbar

- Zerlegung der Monoidalgebra in lokale Komponenten mittels der Äquivalenzrelation $\sim$ auf M

- Identifikation der Ableitung (im assoziativen wie auch im Lie-Sinne) als das Radikal der assoziativen Algebra KM

- Beschreibung, wann die assoziative Moniodalgebra KM kommutativ, separabel, halbeinfach, einfach oder eine Divisionsalgebra ist

- Beispiele zu selbstzentralen Radikalkomplementen der assoziativen Algebren $K\Pi_1$, $K\Pi_2$ und $K\Pi_3$.

1.1 Ableitung, Radikal und Radikalfaktorstruktur

Definitionen 1 Eine Halbgruppe nennen wir idempotent, wenn jedes ihrer Elemente idempotent ist. Für jede Halbgruppe H und jeden Körper K sei

KH die Halbgruppenalgebra bzgl. K und H. Ist K ein Körper und A eine assoziative unitäre K-Algebra, so sei $min_{a,K}$ das Minimalpolynom eines algebraischen Elementes a von A in dem Polynomring $K[t]$. Ist M eine Menge und $n \in \mathbb{N}$, so sei M^n die Menge der n-Tupel über M. Ist T eine Teilalgebra einer assoziativen Algebra, so bezeichnen wir für jedes $n \in \mathbb{N}$ mit $T^{<n>}$ das Erzeugnis aller n-stelligen Produkte von Elementen von T. Ist T nilpotent, so sei $cl(T)$ die Nilpotenzklasse von T.⋄

Lemma 1 *Seien K ein Körper und L ein endliches kommutatives idempotentes Monoid. Dann sind die assoziativen Algebren KL und $K^{|L|}$ isomorph.*

Beweis: Für alle $l \in L$ gilt $l^2 = l$, also folgern wir $min_{l,K} \mid t^2 - t = t(t-1)$. Somit sind alle Elemente aus $L(\subseteq KL)$ diagonalisierbar. Da L kommutativ ist, folgt aus Satz 5.5.1 in [19], dass die Algebra KL diagonalisierbar und zu $K^{|L|}$ isomorph ist.⋄

Definitionen 2 Für jede Halbgruppe H definieren wir die Relation $\sim_H$ durch

$$a \sim_H b :\Leftrightarrow a = aba \wedge b = bab$$

für alle $a, b \in H$. Zusätzlich sei für alle $a, b \in H$ definiert

$$a <_H b :\Leftrightarrow a = aba \text{ und } a >_H b :\Leftrightarrow b <_H a.$$

Seien K ein Körper und V ein endlich-dimensionaler K-Vektorraum und B eine K-Basis von V. Wir definieren

$$Aug_B(V) := \{v \mid \forall b \in B \, \exists k_b \in K : v = \sum_{b \in B} k_b b \wedge \sum_{b \in B} k_b = 0\}.$$

In dem Spezialfall einer endlichen Halbgruppe H schreiben wir auch $Aug(KH)$ an Stelle von $Aug_H(KH)$ und nennen $Aug(KH)$ das Augmentationsideal von KH.

Für jede Teilmenge T eines K-Vektorraumes V sei $\langle T \rangle_K$ das K-Erzeugnis von T in V. Sind A, B Teilräume von V, deren Schnitt der Nullraum ist, so ist ihre Summe direkt - in Zeichen $A \oplus B$. Für endlich-dimensionales V sei $dim_K(V)$ die K-Dimension von V. Ist W ein weiterer K-Vektorraum, U ein Teilraum von V und α eine lineare Abbildung zwischen V und W, so sei $Kern\,\alpha$ der Kern von α und $\alpha_{|U}$ die Einschränkung von α auf U. Mit id_V sei die Identität auf V bezeichnet.

Jeder assoziativen K-Algebra A können wir vermöge der Multiplikation $a \circ b := ab - ba$ für alle $a, b \in A$ eine Lie-Algebra A° zuordnen, die zu A assoziierte Lie-Algebra. Für Teilmengen S, T von A sei $S \circ T := \langle s \circ t \mid s \in S, t \in T \rangle_K$.

Ist A eine assoziative K-Algebra, so sei $rad(A)$ das Nilradikal und A' die Ableitung von A (also das von $A \circ A$ erzeugte Ideal in A). A heisst auflösbar, wenn die Ableitung im Nilradikal von A liegt. Für jede Teilmenge T von A sei $C_A(T)$ der Zentralisator von T in A und speziell $Z(A) := C_A(A)$ das Zentrum von A. Ist A zudem unitär, so sei $E(A)$ die Einheitengruppe von A. Ist $a \in A, x \in E(A)$, so sei x^{-1} das Inverse zu x und $a^x := x^{-1}ax$ das mit x Konjugierte von a.

Ist R eine Menge und $\sim$ eine Äquivalenzrelation auf R, so sei für jedes $r \in R$ die Menge $[r]_\sim$ die r-enthaltene Äquivalenzklasse bzgl. $\sim$.

Für alle $n \in \mathbb{N}$ sei $\underline{n} := \{i \mid i \in \mathbb{N}, 1 \leq i \leq n\}$ und $\underline{n}_0 := \underline{n} \cup \{0\}$.

Ist T eine endliche Teilmenge von $\mathbb{N}$, sei $min(T)$ bzw. $max(T)$ das Minimum bzw. Maximum von T.

Ist G eine Gruppe und T eine Teilmenge von G, so sei $\langle T \rangle_G$ das Untergruppenerzeugnis von T in G.⋄

Bemerkung 1 *Seien K ein Körper und V ein endlich-dimensionaler K-Vektorraum mit K-Basis B. Für alle $b' \in B$ gilt $Aug_B(V) = \langle b' - b \mid b \in B, b \neq b' \rangle_K$. Insbesondere ist $Aug_B(V)$ ein Teilraum der Kodimension 1 von V.*⋄

Lemma 2 *Seien H eine idempotente Halbgruppe und K ein Körper.*

(i) $\sim_H$ ist eine Äquivalenzrelation auf H. (Kenneth Brown)

(ii) Jede Äquivalenzklasse bzgl. $\sim_H$ ist eine Teilhalbgruppe von H. Insbesondere ist H die disjunkte Vereinigung von Teilhalbgruppen von H. Ist H ein Monoid, so gilt $[1]_{\sim_H} = \{1\}$. Insbesondere gibt es in diesem Fall nur für einelementiges H genau eine Äquivalenzklasse bzgl. $\sim_H$.

(iii) Die Menge L der Äquivalenzklassen bzgl. $\sim_H$ bildet mit der Verknüpfung $[a]_{\sim_H} [b]_{\sim_H} := [ab]_{\sim_H}$ für alle $a, b \in H$ eine idempotente kommutative Halbgruppe, die sogenannte Abelianisierung[1] von H. Ist H ein Monoid, so ist es auch L.(Kenneth Brown)

---

[1]Niels Henrik Abel (geboren am 5. August 1802 auf der Insel Finnøy, Ryfylke, Norwegen; gestorben am 6. April 1829 in Froland, Aust-Agder, Norwegen) war ein norwegischer Mathematiker. Abel war der Sohn von Søren Georg Abel (1772 bis 1820), einem Theologen, zeitweiligen Abgeordneten und Philologen mit liberalen Ansichten, und Anne Marie geb. Simonsen (1781 bis 1846). Ab 1804 wuchs er mit fünf Geschwistern in Gjerstad auf und besuchte ab 1817 die Kathedralschule von Christiania (Oslo), wo er von seinem Lehrer Bernt Michael Holmboe (1795 bis 1850), der ihm Newton, Euler, Lagrange, Laplace, d'Alembert und andere zum Lesen gab, stark gefördert wurde. Die familiäre Situation verschlechterte sich, als sein Vater, der zunehmend trank, entlassen wurde und 1820 starb. Holmboe verschaffte Abel ein Stipendium, so dass er 1821 die Universität von Christiania besuchen konnte, in der es aber damals keine Ausbildung in den Naturwissenschaften gab. Er widmete sich, teilweise von Professoren aus deren eigener Tasche unterstützt, dem Selbststudium und veröffentlichte in der gerade gegründeten ersten naturwissenschaftlichen Zeitung Norwegens. 1823 konnte er Kopenhagen besuchen, wo er bei einer Tante wohnte, sich mit elliptischen Integralen befasste und seine spätere Verlobte Christine Kemp traf. 1824 erhielt er endlich ein staatliches Stipendium, das ihm ein Studium im Ausland ermöglichte. Gleichzeitig veröffentlichte er seine Arbeit über die Unlösbarkeit von Gleichungen fünften Grades durch Adjunktion von Wurzeln, allerdings in so gedrängter Form, dass sie nahezu

(iv) Die Abbildung $P_H : h \longrightarrow [h]_{\sim_H}$ ist ein assoziativer Algebrenepimor-

---

unverständlich war (eine erweiterte Version veröffentlichte er in Crelles Zeitschrift 1826). 1825 ging er nach Berlin, wo er von Leopold Crelle, dem Berliner Ingenieur, Verleger und Gründer (1826) des Journals für die reine und angewandte Mathematik (auch Crelles Journal genannt), unterstützt und gefördert wurde. In dessen Zeitschrift veröffentlichte Abel viele seiner Arbeiten, und nicht zuletzt durch Abel (sowie kurz darauf Jacobi, Steiner und andere) erwarb Crelles neue Zeitschrift ihren Ruf, der auch neben den damals angeseheneren französischen Mathematikzeitschriften bestehen konnte. Abel folgte danach seinen norwegischen Freunden, die hauptsächlich in Geologie und Bergbauwissenschaften ausgebildet wurden, nach Freiberg in Sachsen, wo er seine fundamentalen Arbeiten über elliptische Funktionen entwickelte. Im Juli 1826 war er im damaligen europäischen Zentrum der Mathematik in Paris. Er reichte der Akademie seine große Pariser Abhandlung (erst 1841 in den Comptes Rendues der Akademie veröffentlicht) über das, was später Abelsche Integrale genannt wurde, im Oktober ein, sie kam dort aber durch Cauchy und Legendre zeitweise abhanden. Abel glaubte zeitlebens, dass sie verloren gegangen war. Sein Pariser Aufenthalt war unglücklich, er war arm, litt unter Depressionen, und bei ihm wurde Tuberkulose diagnostiziert, was damals ein Todesurteil war. Ende 1826 verließ er Paris und ging wieder zu seinen Freunden nach Berlin. Crelle bot ihm in Berlin die Herausgeberschaft seines Journals an, doch Abel zog es zurück nach Norwegen (Mai 1827). Sein Stipendium wurde hier allerdings nicht erneuert, und er lebte von Privatstunden, Schulden und privaten Zuwendungen von Freunden. Gleichzeitig schrieb er in seinen letzten anderthalb Jahren mehrere große Arbeiten, die meist von Crelle veröffentlicht wurden. Eine Abhandlung über elliptische Funktionen erschien in den Astronomischen Nachrichten im dänischen Altona. Er erhielt eine Vertretungsprofessur an der Universität und Ingenieurschule in Christiania, aber keinen permanenten Posten, so dass sich seine Hoffnungen nach Berlin richteten, wo Crelle sich für ihn einsetzte. Ende 1828 verbrachte er bei seinen Freunden nahe den Froland-Eisenwerken in Arendal und arbeitete intensiv. Er traf nochmals seine Verlobte, die dort als Gouvernante für Freunde von Abels Familie arbeitete, und starb mit 26 Jahren 1829 an Lungentuberkulose, kurz bevor ihn ein Brief von Crelle aus Berlin erreichte, der ihm eine Dozentenstelle ankündigte. Seine Verlobte empfahl er seinem Freund, dem Geologen Keilhau, mit dem er auf Europareise war und der sie auch heiratete. Aus seiner Schulzeit existiert noch ein Klassenbuch mit dem Eintrag seines Lehrers Holmboe über Abel, dass er der größte Mathematiker der Welt werden kann, wenn er lange genug lebt. Abel führte eine Umformulierung der Theorie des elliptischen Integrals durch, in die Theorie der elliptischen Funktionen, indem er deren inverse Funktionen benutzte. Außerdem erweiterte er die Theorie auf Riemannsche Flächen höheren Geschlechts g ($g = 1$ ist elliptische Funktion) und führte Abelsche Integrale ein. Für diese verallgemeinerte er die schon Euler im Fall elliptischer Integrale bekannten Additionstheoreme (Abels Theorem). Auf diesem Gebiet arbeitete er zuletzt in intensiver Konkurrenz zu Carl Gustav Jacob Jacobi. Er war wesentlich daran beteiligt, strengere Methoden in die Analysis einzuführen (Abelsche partielle Summation, seine Arbeit über die Konvergenz binomischer Reihen usw.). 1824 bewies er, dass eine allgemeine Gleichung fünften Grades nicht durch eine Formel gelöst werden kann, die nur Wurzeln (Radikale) und arithmetische Grundoperationen verwendet. Abel war neben Galois, der Abels Untersuchungen zur Unlösbarkeit von Gleichungen (Satz von Abel-Ruffini) verallgemeinerte (sog. Galoistheorie), ein wichtiger Mitbegründer der Gruppentheorie. Wegen dieser Leistung nennt man die kommutativen Gruppen abelsche Gruppen. 1839 gab die norwegische Regierung seine Werke heraus (editiert von seinem ehemaligen Lehrer Holmboe), und in vollständigerer Form 1881 durch seine Landsleute Peter Ludwig Mejdell Sylow und Sophus Lie. Nach Abel sind folgende mathematische Strukturen benannt: Abelsche Erweiterung, eine galoissche Körpererweiterung mit abelscher Galoisgruppe; Abelsche Gruppe, eine Gruppe, für die das Kommutativgesetz gilt; Abelsche Identität, ein Ausdruck für die Wronski-Determinante zweier linear unabhängiger homogener Lösungen einer linearen Differential-

phismus von KH auf KL, wobei L die Menge der Äquivalenzklassen von H bzgl. $\sim_H$ ist.(Kenneth Brown)

(v) Für alle $h \in H$ und endliches $[h]_{\sim_H}$ gilt $Kern\ (P_H)_{|[h]_{\sim_H}} = Aug(K[h]_{\sim_H})$.

Beweis: ad(i), (iii), (iv): siehe [6]

ad(ii): Seien $x, y \in H$ mit $x \sim_H y$. Es gilt:

$$\begin{aligned} & xy \sim_H x \\ \iff\ & xy = (xy)x(xy) \quad \wedge \quad x = x(xy)x \\ \iff\ & xy = xy(xx)y \quad \wedge \quad x = (xx)yx \\ \iff\ & xy = (xy)(xy) \quad \wedge \quad x = xyx \\ \iff\ & xy = xy \quad \wedge \quad x = xyx. \end{aligned}$$

Die Bedingung $x = xyx$ ist wegen $x \sim_H y$ erfüllt.
Für alle $h \in H$ gilt $h \sim_H 1$ genau dann, wenn $h = h1h$ und $1 = 1h1$ erfüllt sind, also wenn $h = 1$ gilt.

ad(v): Sei $x \in K[h]_{\sim_H}$ und $T := [h]_{\sim_H}$. Dann existieren $k_t \in K$ für alle $t \in T$ mit $x = \sum_{t \in T} k_t t$. Es gilt $xP_H = 0$ genau dann, wenn $(\sum_{t \in T} k_t)T = 0$ gilt.$\diamond$

Proposition 1 *Seien H eine idempotente Halbgruppe, K ein Körper, $n \in \mathbb{N}$ und $x, y \in H$ mit $x \sim_H y$.*

(i) $(x-y)^3 = 0$
  Für $H = \Pi_n$ gilt sogar $(x-y)^2 = 0$.

(ii) $y - x = x \circ (xy) - y \circ (yx) - x \circ y$

---

gleichung zweiter Ordnung; Abelsches Integral, ein Integral über eine rationale Funktion in der komplexen Ebene; Abelsche Integralgleichung, eine spezielle volterrasche Integralgleichung 1. Art; Abelsche Kategorie, eine Kategorie, die sich im Wesentlichen wie die Kategorie der abelschen Gruppen verhält; Abelsche partielle Summation, eine bestimmte Umformung einer Summe von Produkten jeweils zweier Zahlen; Abelsche Projektion, eine spezielle Projektion in einer von-Neumann-Algebra; Abelsche Varietät, eine vollständige, zusammenhängende Gruppenvarietät. Zudem sind nach Abel folgende mathematische Sätze benannt: Abelscher Grenzwertsatz, ein Satz zur Konvergenz einer Potenzreihe im Randpunkt des Konvergenzintervalls; Abelsches Lemma, ein Satz zur absoluten und lokalgleichmäßigen Konvergenz von Potenzreihen. Weiter sind nach Abel benannt: Abel-Preis, ein hochdotierter Preis, den die Norwegische Akademie der Wissenschaften jährlich seit 2003 vergibt; Abel (Mondkrater), ein Mondkrater im Nordwesten des Mare Australe auf der Mondvorderseite.

Beweis: ad(i): Aus $x \sim_H y$ erhalten wir $x = xyx$ und $y = yxy$. Es gilt

$$(x-y)^2$$
$$= (x-y)(x-y)$$
$$= xx - xy - yx + yy$$
$$= x - xy - yx + y, \text{ also}$$

$$(x-y)^3$$
$$= (x - xy - yx + y)(x - y)$$
$$= xx - xy - xyx + xyy - yxx + yxy + yx - yy$$
$$= x - xy - xyx + xy - yx + yxy + yx - y$$
$$= (x - xyx) + (yxy - y)$$
$$= 0 + 0.$$

Nach Seite 9 in [16] gilt in Π_n sogar $xyx = xy$ für alle $x, y \in \Pi_n$.

ad(ii): Es gilt wegen $x = xyx$ und $y = yxy$:

$$x \circ (xy) - y \circ (yx) - x \circ y$$
$$= (xy - xyx) - (yyx - yxy) - (xy - yx)$$
$$= (xy - x) - (yx - y) - (xy - yx)$$
$$= y - x. \diamond$$

Satz 1 *(lokale Version) Sei K ein Körper und H eine endliche idempotente Halbgruppe, so dass H einzige Äquivalenzklasse bzgl. $\sim_H$ ist.*

(i) $rad(KH) = Kern\, P_H = Aug(KH)$ (Kenneth Brown,[6])

(ii) Die Faktoralgebra von KH nach $rad(KH)$ ist zur Algebra K isomorph: $KH/rad(KH) \cong K$ (Kenneth Brown,[6])
Insbesondere ist $K \cdot 1$ ein Radikalkomplement.

(iii) $rad(KH) = (KH)' = KH \circ KH$

Beweis: ad(i),(ii): Nach Teil (v) von Lemma 2 gilt $Kern\, P_H = Aug(KH)$. Wir zeigen, dass $Kern\, P_H$ nilpotent und $KH/Kern\, P_H$ zu K isomorph ist. Daraus erhalten wir (i) und (ii). Wegen Bemerkung 1 wird $Kern\, P_H$ von der Menge $\{x - y \mid x, y \in H, x \sim_H y\}$ K-erzeugt. Diese Menge besteht nach Teil (i) von Proposition 1 aus nilpotenten Elementen. Nach einem Satz von Joseph Wedderburn[2](siehe z.B. in [12]) ist daher das Ideal $Kern\, P_H$ nilpotent.

---

[2]Joseph Henry Maclagan Wedderburn (geboren am 2. Februar 1882 in Forfar, Forfarshire, Schottland; gestorben am 9. Oktober 1948 in Princeton, New Jersey) war ein

Die Faktoralgebra von KH nach $\text{Kern}\, P_H$ ist nach Teil (iii) von Lemma 2 zu KL isomorph, wobei L die Menge der Äquivalenzklassen von H bzgl. $\sim_H$ ist. Unter den Voraussetzungen gilt $L = \{H\}$. Mit Lemma 1 und Teil (iii) von Lemma 2 erhalten wir, dass die Faktoralgebra KH nach $\text{Kern}\, P_H$ zu K isomorph ist.

ad(iii): Da nach (i) die Algebra KH auflösbar ist, enthält das Radikal die Ableitung von KH. Per Definition ist die Ableitung von KH das von $KH \circ KH$ erzeugte Ideal. Wegen (i) und Bemerkung 1 müssen wir also nur noch einsehen, dass für alle $x, y \in H$ mit $x \sim_H y$ das Element $x - y$ in $KH \circ KH$ enthalten ist. Dies folgt aber schon aus Teil (ii) von Proposition 1.◇

Die erste Gleichheit bzw. Isomorphie in den Teilen (vi) und (vii) des folgenden Resultats gehen auf Kenneth Brown (siehe [6]) zurück:

Satz 2 *(globale Version) Seien K ein Körper, M ein endliches idempotentes Monoid und L die Menge der Äquivalenzklassen von M bzgl. $\sim_M$.*

(i) $KM = \bigoplus_{T \in L} KT$
    (direkte K-Raumsumme von Teilalgebren)

(ii) $\text{Kern}\, P_M = \bigoplus_{T \in L} \text{Kern}\, P_T$

(iii) $rad(KM) = \bigoplus_{T \in L} rad(KT)$

(iv) $(KM)' = \bigoplus_{T \in L} (KT)'$

(v) $KM \circ KM = \bigoplus_{T \in L} (KT \circ KT)$

---

schottischer Mathematiker. Er wurde unter anderem bekannt für seine Beiträge im Bereich der Algebra. 1898 begann er, mit einem Stipendium in Edinburgh zu studieren. Schon 1903 machte er dort seinen Master-Abschluss in Mathematik mit Bestnoten, während er gleichzeitig schon erste mathematische Arbeiten publizierte. 1903 bis 1904 setzte er sein Studium in Leipzig und Berlin fort, u.a. bei Ferdinand Georg Frobenius und Issai Schur. Seine Hinwendung zur Algebra festigte sich durch einen Aufenthalt in Chicago bei Oswald Veblen und Leonard Dickson, dem damals führenden Mathematiker in der Theorie der Algebren. Zurück in Edinburgh als Assistent von George Chrystal bewies Wedderburn 1905, dass jeder endliche Schiefkörper kommutativ ist, dieses Resultat ist heute auch als Satz von Wedderburn bekannt. Mit Veblen wandte er die Ergebnisse auf endliche projektive Geometrien an und zeigte, dass dort der Satz von Pascal aus dem Satz von Desargues folgt. Außerdem konstruierten sie endliche projektive Geometrien, in denen beide Sätze nicht gelten (vergleiche hierzu Quasikörper, auch Veblen-Wedderburn-System genannt). 1907 publizierte er eine grundlegende Arbeit, seine Dissertation, über die Klassifikation halbeinfacher Algebren (On hypercomplex numbers) als direkte Summe einfacher Algebren, die sich wiederum als Matrizenalgebren über einem Schiefkörper darstellen lassen. Das wird im Satz von Artin-Wedderburn der Ringtheorie verallgemeinert. Zu seinen Schülern zählte Nathan Jacobson.

(vi) $KM/rad(KM) \cong K^{|L|} \cong \bigoplus_{T \in L} (KT/rad(KT))$

Insbesondere existieren Radikalkomplemente, und diese sind konjugiert unter $1 + rad(KM)$ sowie auflösbar und über K zerfallend.

(vii) $rad(KM) = Kern\, P_M = (KM)' = KM \circ KM$

(viii) $\bigoplus_{T \in L} Aug(KT) \subseteq Aug(KM)$

Die Gleichheit gilt nur im Fall $|L| = 1$.

Beweis: ad(i): Dies folgt aus den Teilen (i) und (ii) von Lemma 2.

ad(ii): Sei $x \in KM$, etwa $x = \sum_{T \in L} \sum_{t \in T} k_{t,T} t$. Es gilt wegen Teil (i) und Teil (iv) von Lemma 2:

$$x \in Kern\, P_M$$
$$\iff \sum_{T \in L} \sum_{t \in T} k_{t,T} T = 0$$
$$\iff \forall T \in L : \sum_{t \in T} k_{t,T} = 0.$$

ad(iii)-(viii): Mit Hilfe von (ii) und Satz 1 erhalten wir:

$$Kern\, P_M$$
$$= \bigoplus_{T \in L} Kern\, P_T$$
$$= \bigoplus_{T \in L} rad(KT)$$
$$= \bigoplus_{T \in L} (KT)'$$
$$= \bigoplus_{T \in L} (KT \circ KT)$$
$$= \bigoplus_{T \in L} Aug(KT).$$

Wegen $Kern\, P_M = \bigoplus_{T \in L} rad(KT)$ wird dieses Ideal von nilpotenten Elementen erzeugt, ist also nach einem Satz von Joseph Wedderburn selbst nilpotent. Wegen Teil (iv) von Lemma 2 und Lemma 1 ist die Faktoralgebra von KM nach $Kern\, P_M$ zu der Algebra $K^{|L|}$ isomorph. Also gilt $rad(KM) = Kern\, P_M$. Da KM auflösbar ist, folgt weiter $KM \circ KM \subseteq (KM)' \subseteq rad(KM)$. Wegen $rad(KM) = \bigoplus_{T \in L} (KT \circ KT)$ erhalten wir $rad(KM) = KM \circ KM$. Insbesondere gelten nun die Aussagen (iii)-(vii). $Aug(KM)$ ist nach Bemerkung 1 von der Kodimension 1 in KM und enthält

$\bigoplus_{T\in L} Aug(KT)$. Dieser Teilraum besitzt (nach derselben Bemerkung) die Kodimension $\mid L \mid$ in KM. Der Zusatz in (vi) folgt aus dem Satz von Wedderburn-Malcev.⋄

Folgerung 1 *Seien K ein Körper, M ein endliches idempotentes Monoid und T eine Teilalgebra von KM. Dann ist K ein Zerfällungskörper für die auflösbare Teilalgebra T.*

Beweis: siehe Satz 3.3.2 in [19] und Satz 2, Teil (vi).⋄

Folgerung 2 *Seien K ein Körper und $n \in \mathbb{N}$. Dann ist K ein Zerfällungskörper[3] für die auflösbare Solomon-Algebra D_n.*

Beweis: Da Π_n ein endliches idempotentes Monoid ist, erfüllt $K\Pi_n$ die Voraussetzungen von Satz 2. Insbesondere ist also jede Teilalgebra von $K\Pi_n$ nach Folgerung 1 über K zerfallend. Patrick Bidigare hat in [5] gezeigt, dass die Solomon-Algebra D_n bis auf Isomorphie in $K\Pi_n$ enthalten ist. Somit ist K auch ein Zerfällungskörper für D_n.⋄

Folgerung 3 *Sei K ein Körper und M ein endliches idempotentes Monoid. Genau dann ist KM lokal, wenn M einelementig ist.*

Beweis: siehe Teil (vi) von Satz 2 und Teil (ii) von Lemma 2.⋄

Folgerung 4 *Seien K ein Körper und M ein endliches idempotentes Monoid. Es sind äquivalent:*

(i) M ist einelementig.

(ii) Die assoziativen Algebren KM und K sind isomorph.

(iii) KM ist eine Divisionsalgebra.

(iv) KM ist einfach.

Beweis: siehe Teil (vi) von Satz 2 und Teil (ii) von Lemma 2.⋄

Folgerung 5 *Seien K ein Körper und M ein endliches idempotentes Monoid. Dann wird das Radikal von KM von der Menge $\{x - y \mid x \sim_M y\}$ K-erzeugt.*

Beweis: siehe Bemerkung 1, Teil (i) von Satz 1 und Teil (iii) von Satz 2.⋄

---

[3]Ist die Radikalfaktorstruktur einer assoziativen K-Algebra zu vollen Matrixringen über den Grundkörper K isomorph, so nennt man K einen Zerfällungskörper für A. Man sagt auch, dass A über K zerfallend ist. Ist A zudem auflösbar, so ist K genau dann ein Zerfällungskörper für A, wenn die Radikalfaktorstruktur zu K^r für ein $r \in \mathbb{N}$ isomorph ist. Derartige Algebren heissen auch diagonalisierbar.

Folgerung 6 *Seien K ein Körper und M ein endliches idempotentes Monoid. Es sind äquivalent:*

(i) KM ist separabel.

(ii) KM ist halbeinfach.

(iii) M ist kommutativ.

(iv) KM ist zu $K^{|M|}$ isomorph.

(v) Jede Klasse von M bzgl. $\sim_M$ ist einelementig.

Beweis: Jede separable Algebra ist halbeinfach. Aus der Halbeinfachheit ergibt Teil (vi) von Satz 2 die Kommutativität von KM. Ist KM kommutativ, so erhalten wir mit Lemma 1, dass KM zu $K^{|M|}$ isomorph und damit separabel ist. Also sind die Aussagen (i)-(iv) äquivalent. Aus Folgerung 5 erhalten wir, dass das Radikal von KM von der Menge $\{x - y \mid x \sim_M y\}$ K-erzeugt wird. Daraus ergibt sich leicht die Äquivalenz der Aussagen (ii) und (v).⋄

Bemerkung 2 Seien K ein Körper und $n \in \mathbb{N}$. Wir werden im weiteren Verlauf feststellen, dass alle Aussagen in den Folgerungen 3, 4 und 6 für $M = \Pi_n$ äquivalent sind.⋄

Bemerkung 3 Sei M ein idempotentes Monoid. In Folgerung 6 haben wir für endliches M festgestellt, dass M genau dann kommutativ ist, wenn jede Klasse bzgl. $\sim_M$ einelementig ist. Dafür geben wir nun allein durch Rechnungen in M einen alternativen Beweis an. Für jede Teilmenge T von M sei $C_M(T)$ der Zentralisator von T in M und speziell $Z(M) := C_M(M)$ das Zentrum von M. Statt $C_M(\{a_1, ..., a_n\})$ schreiben wir auch $C_M(a_1, ..., a_n)$ für endlich viele $a_1, ..., a_n \in M$. Seien $a, b \in M$. Wir zeigen nun:

(i) $ab \sim_M ba$

(ii) $aba \sim_M ba$

(iii) $bab \sim_M ba$

(iv) $C_M(a) \cap [a]_{\sim_M} = \{a\}$

(v) $a \in Z(M) \to |\,[a]_{\sim_M}\,| = 1$

(vi) Genau dann ist M kommutativ, wenn jede Klasse bzgl. $\sim_M$ einelementig ist.

∧	e_1	e_2	e_3
e_1	e_1	e_2	e_3
e_2	e_2	e_2	e_2
e_3	e_3	e_3	e_3.

Tabelle 1.1: Verknüpfungstafel von Π_2

Beweis: ad(i)-(iii): Es gelten $ab(ba)ab = abbaab = abaab = abab = ab$ und $ba(ab)ba = baabba = babba = baba = ba$. Daraus erhalten wir $a(ba) \sim_M baa = ba$ und $(ba)b \sim_M bba = ba$, also insgesamt $ab \sim_M ba \sim_M aba \sim_M bab$.

ad(iv)-(vi): Ist nun jede Klasse von M bzgl. $\sim_M$ einelementig, so gilt für alle $x, y \in M$ wegen $xy \sim_M yx$ schon $xy = yx$. Also ist M in diesem Fall kommutativ.
Es gelte nun $ab = ba$ und $a \sim_M b$. Daraus erhalten wir $b = bab = abb = ab = aab = aba = a$. Dies zeigt $C_M(a) \cap [a]_{\sim_M} = \{a\}$, also insbesondere, dass für $a \in Z(M)$ die Klasse von a einelementig ist. Somit ist für kommutatives M jede Klasse bzgl. $\sim_M$ einelementig.⋄

Beispiel 1 Für einen Körper K berechnen wir für $K\Pi_1$, $K\Pi_2$ und $K\Pi_3$ das Radikal, ein Radikalkomplement[4] sowie dessen Zentralisator in der Solomon-Tits-Algebra.

(i) Die Algebra $K\Pi_1$ ist wegen $\Pi_1 = \{(1)\}$ nach Folgerung 4 zu K isomorph. Ihr Radikal ist der Nullraum, das Radikalkomplement $K\Pi_1$ ist selbstzentral.

(ii) Die geordneten Mengenpartitionen von $\underline{2}$ sind $e_1 := (12)$ (neutrales Element in Π_2), $e_2 := (2, 1)$ und $e_3 := (1, 2)$. Mit diesen Bezeichnungen erhalten wir die Verknüpfungstafel von Π_2 (siehe Tabelle 1.1). Es gelten $e_2e_3e_2 = e_2e_2 = e_2$ und $e_3e_2e_3e_3 = e_3$, also $e_2 \sim_{\Pi_2} e_3$. Mit Teil (i) von Lemma 2 und Folgerung 5 erhalten wir $rad(K\Pi_2) = \langle e_2 - e_3 \rangle_K$. Wir definieren $T := \langle 1, e_2 \rangle_K$. Dann ist T eine kommutative Teilalgebra von $K\Pi_2$, die direkt zum Radikal liegt. Also ist T ein Radikalkomplement. Aus der Kommutativität von T erhalten wir $T \subseteq C_{K\Pi_2}(T) \subseteq K\Pi_2$. Da e_2 nicht zentral in $K\Pi_2$ ist, muss T aus Dimensionsgründen selbstzentral sein.

(iii) Die 13 geordneten Mengenpartitionen von $\underline{3}$ sind
$e_1 := (123)$ (neutrales Element in Π_3),
$e_2 := (3, 12), e_3 := (2, 13), e_4 := (1, 23)$,
$e_5 := (23, 1), e_6 := (13, 2), e_7 := (12, 3)$,
$e_8 := (3, 2, 1), e_9 := (3, 1, 2), e_{10} := (2, 3, 1),$

---
[4]Ein Radikalkomplement ist eine Teilalgebra einer assoziativen Algebra, so dass die Summe aus dieser Teilalgebra und dem Nilradikal direkt ist und die ganze Algebra bildet.

∧	e_2	e_3	e_4	e_5	e_6	e_7	e_8	e_9	e_{10}	e_{11}	e_{12}	e_{13}
e_2	e_2	e_8	e_9	e_8	e_9	e_2	e_8	e_9	e_8	e_8	e_9	e_9
e_3	e_{10}	e_3	e_{11}	e_{10}	e_3	e_{11}	e_{10}	e_{10}	e_{10}	e_{11}	e_{11}	e_{11}
e_4	e_{12}	e_{13}	e_4	e_4	e_{12}	e_{13}	e_{12}	e_{12}	e_{13}	e_{13}	e_{12}	e_{13}
e_5	e_8	e_{10}	e_5	e_5	e_8	e_{10}	e_8	e_8	e_{10}	e_{10}	e_8	e_{10}
e_6	e_9	e_6	e_{12}	e_9	e_6	e_{12}	e_9	e_9	e_9	e_{12}	e_{12}	e_{12}
e_7	e_7	e_{11}	e_{13}	e_{11}	e_{13}	e_7	e_{11}	e_{13}	e_{11}	e_{11}	e_{13}	e_{13}
e_8	e_8	e_8	e_8	e_8	e_8	e_8	e_8	e_8	e_8	e_8	e_8	e_8
e_9	e_9	e_9	e_9	e_9	e_9	e_9	e_9	e_9	e_9	e_9	e_9	e_9
e_{10}	e_{10}	e_{10}	e_{10}	e_{10}	e_{10}	e_{10}	e_{10}	e_{10}	e_{10}	e_{10}	e_{10}	e_{10}
e_{11}	e_{11}	e_{11}	e_{11}	e_{11}	e_{11}	e_{11}	e_{11}	e_{11}	e_{11}	e_{11}	e_{11}	e_{11}
e_{12}	e_{12}	e_{12}	e_{12}	e_{12}	e_{12}	e_{12}	e_{12}	e_{12}	e_{12}	e_{12}	e_{12}	e_{12}
e_{13}	e_{13}	e_{13}	e_{13}	e_{13}	e_{13}	e_{13}	e_{13}	e_{13}	e_{13}	e_{13}	e_{13}	e_{13}.

Tabelle 1.2: Verknüpfungstafel von Π_3

$e_{11} := (2,1,3), e_{12} := (1,3,2), e_{13} := (1,2,3)$.
Mit diesen Bezeichnungen erhalten wir die Verknüpfungstafel 1.2 (das neutrale Element e_1 ist weggelassen). Die Äquivalenzklassen von Π_3 bzgl. $\sim_{\Pi_3}$ können wir leicht mit Hilfe der Bemerkung auf Seite 9 in [16] bestimmen: die zu einer Mengenpartition $(P_1, \cdots, P_l)$ äquivalenten Elemente ergeben sich durch Umordnung der Komponenten. In unserem Fall erhalten wir also:

$[e_1]_{\sim_{\Pi_3}} = \{e_1\}$
$[e_2]_{\sim_{\Pi_3}} = \{e_2, e_7\}$,
$[e_3]_{\sim_{\Pi_3}} = \{e_3, e_6\}$,
$[e_4]_{\sim_{\Pi_3}} = \{e_4, e_5\}$ und
$[e_8]_{\sim_{\Pi_3}} = \{e_8, e_9, e_{10}, e_{11}, e_{12}, e_{13}\}$.

Mit Teil (i) von Lemma 2 und Folgerung 5 erhalten wir das 8-dimensionale Radikal $\langle e_2 - e_7, e_3 - e_6, e_4 - e_5, e_8 - e_9, e_8 - e_{10}, e_8 - e_{11}, e_8 - e_{12}, e_8 - e_{13}\rangle_K$.

Jedes Radikalkomplement ist nach Teil (vi) von Satz 2 zu K^5 isomorph. Wir konstruieren nun ein Radikalkomplement. Die Teilalgebra $\langle 1, e_2\rangle_K$ ist zu K^2 isomorph. Der Zentralisator von e_2 in $K\Pi_3$ ist 5-dimensional. Ein mit e_2 vertauschbares Idempotent ist $e_3 - e_{10}$. Des Weiteren ist $e_4 - e_{12}$ ein Idempotent, dass mit 1, e_2 und $e_3 - e_{10}$ vertauscht, und schliesslich ist e_8 ein Idempotent aus dem Zentralisator von $\{1, e_2, e_4 - e_{12}, e_3 - e_{10}\}$. Da der Zentralisator von e_2 5-dimensional ist, stimmt er mit $\langle 1, e_2, e_4 - e_{12}, e_3 - e_{10}, e_8\rangle_K$ überein. Nach unserer Konstruktion ist der Zentralisator sogar kommutativ. Da er von idempotenten – also diagonalisierbaren – Elementen erzeugt wird, ist er nach Satz 5.5.1 in [19] zu K^5 isomorph, also ein selbstzentrales Radikalkomplement.◇

1.2 Offene Fragen

- Gilt Bemerkung 2 auch für beliebige endliche idempotente Monoide und damit die Äquivalenz der Aussagen der Folgerungen 4 und 6?

- Im Lichte der Sätze 1 und 2 stellen sich die Fragen nach der Beschreibung der Reihe der Ableitungen der assoziativen und der zugehörigen Lie-Algebra sowie der absteigenden Zentralreihen der assoziierten Lie-Algebra von KM! Gilt die Zerlegung in lokale Komponenten auch für die absteigende Zentralreihe sowie für die Reihe der Ableitungen? Gibt es Beziehungen zwischen diesen Reihen, den zugehörigen auflösbaren Stufen sowie Nilpotenzklassen?

- Gilt in Satz 2 auch $(KM \circ KM) \cap T = KT \circ KT$ und ensprechende Schnitteigenschaften für die anderen Punkte dieses Satzes?

1.3 Übungsaufgaben

Übungsaufgabe 2 *Seien G eine endliche p-Gruppe und K ein Körper der Charakteristik p. Man berechne für alle $g \in G$ die Minimalpolynome von g und $g - 1$ in der Gruppenalgebra KG.*

Übungsaufgabe 3 *Seien K ein Körper, A eine K-Algebra und e ein Idempotent von A. Man berechne das Minimalpolynom von e in A.*

Übungsaufgabe 4 *Seien K ein Körper, $n \in \mathbb{N}$ und $a, b \in \Pi_n$ mit $a \sim b$. Man berechne das Minmalpolynom von $a - b$ und schreibe $a - b$ als Summe von Lie-Produkten bzgl. der Verknüpfung $\circ$.*

Übungsaufgabe 5 *Sei K ein Körper. Wann ist Π_3 kommutativ? Wann ist $K\Pi_4$ halbeinfach? Wann ist $K\Pi_5$ über K zerfallend? Wann ist $K\Pi_6$ separabel?*

Übungsaufgabe 6 *Man veranschauliche den $<$-Verband von Π_2 und Π_3 mit Hilfe eines Graphen!*

Übungsaufgabe 7 *Wieviele Elemente in Π_3 sind kleiner als bzw. grösser als bzw. äquivalent zu (bzgl. $<$, $>$ und $\sim$) zu $(12,3)$?*

Übungsaufgabe 8 *Sei K ein Körper. Man berechne die Nilpotenzklasse von $\mathrm{rad}(K\Pi_2)$ und $\mathrm{rad}(K\Pi_3)$! Gibt es eine Vermutung für allgemeines n?*

Übungsaufgabe 9 *Sei K ein Körper. Welche Dimension hat $K\Pi_4$, welche sein Radikal, welche die Radikalfaktorstruktur? Gibt es Radikalkomplemente? Welche Dimension haben diese Radikalkomplemente ggfs.?*

Übungsaufgabe 10 Seien $P := (123, 456)$, $Q := (12, 3, 45, 6)$, $R := (123456)$ und $S := (1, 2, 3, 4, 5, 6)$. Man untersuche die Beziehungen von P, Q, R, S bzgl. $<, >$ und $\sim$ in Π_6!

Übungsaufgabe 11 Seien K ein Körper und $n \in \mathbb{N}$. Dann besitzen $K\Pi_n$ und D_n Radikalkomplemente. Jedes Radikalkomplement von D_n (als Teilalgebra von $K\Pi_n$) kann zu einem Radikalkomplement von $K\Pi_n$ erweitert werden. (Hinweis: Man benutze den Satz von Wedderburn-Malcev!)

Übungsaufgabe 12 Seien K ein Körper und $n \in \mathbb{N}$. Besitzt $K\Pi_4$ ein selbstzentrales Radikalkomplement?

Übungsaufgabe 13 Seien $P := (123, 456)$, $Q := (12, 3, 45, 6)$, $R := (123456)$ und $S := (1, 2, 3, 4, 5, 6)$. Man berechne folgende Produkte: PQR, PR, $PQRS$, RPQ, SQS.

Übungsaufgabe 14 Seien K ein Körper, V ein endlich-dimensionaler K-Vektorraum und B, C Basen von V. Gibt es eine Beziehung zwischen $Aug_B(V)$ und $Aug_C(V)$? Sind diese Räume gleich, sind ihre Dimensionen identisch? Was gilt im Fall von (Halb)-Gruppenalgebren?

Kapitel 2

Idempotente, Basiswechsel und Radikalkomplemente

Dieses Kapitel hat weiterhin einen einleitenden Charakter und fasst einige Hauptergebnisse der Analyse von Manfred Schocker aus [16] bzgl. $K\Pi_n$ zusammen, angereichert um neue Fragestellungen:

- Übergang zu einer neuen Basis für $K\Pi_n$, mit der Manfred Schocker seine Resultate in [16] durchsichtig darstellt

- Beschreibung des Radikals und eines Radikalkomplementes von $K\Pi_n$ bzgl. dieser neuen Basis (siehe auch [16])

- Beschreibung sämtlicher Idempotente von $K\Pi_n$

- Betrachtung der K-Raum-Summe aller Idempotente von $K\Pi_n$

- Betrachtung der beiden Extremfälle der K-Raum-Summe aller separablen Elemente (identisch mit einem Radikalkomplement oder mit der ganzen Algebra) für assoziative auflösbare Algebren.

2.1 Idempotente, Basiswechsel und Radikalkomplemente

Definitionen 3 Im Folgenden erinnern wir an einige Definitionen aus der Arbeit von Manfred Schocker ([16]). Mit Fin bezeichnen wir die Menge aller endlichen Teilmengen von $\mathbb{N}$. Ist $A \in Fin$, so ist die Menge Π_A aller geordneten Mengenpartitionen von A ein endliches idempotentes Monoid mit neutralem Element (A), und zwar vermöge des Produktes, das wir in der Einleitung für $A = \underline{n}$ definiert haben. Dieses Produkt bezeichnen wir mit $\wedge_A$. Für jedes $Q := (Q_1, \cdots, Q_k)$ sei die Länge von Q die Anzahl der Komponenten von Q, also $l(Q) := k$.

Sei $\Pi := \bigcup_{A \in Fin} \Pi_A$. Auf Π definieren wir ein Produkt $\vee$ (Konkatenation) durch

$$P \vee Q := \begin{cases} (P_1, \cdots, P_l, Q_1, \cdots, Q_k) & : \bigcup_{i=1}^{l} P_i \neq \bigcup_{i=1}^{k} Q_i \\ 0 & : sonst \end{cases}$$

für alle $P = (P_1, \cdots, P_l), Q = (Q_1, \cdots, Q_k) \in \Pi$. Sei K ein Körper. Per Linearität erweitern wir $\vee$ zu einem Produkt auf $K\Pi$.
Sei $A \in Fin$. Wir definieren $\Pi_A^\star := \{(P_1, \cdots, P_l) \mid min(A) \in P_1\}$ sowie $e_A := \sum_{P \in \Pi_A^\star} (-1)^{l(P)-1} P$. Für alle $Q = (Q_1, \cdots, Q_K) \in \Pi$ definieren wir $e_Q := e_{Q_1} \vee \cdots \vee e_{Q_k}$. Schliesslich setzen wir $\Pi_A^< := \{(Q_1, \cdots, Q_k) \in \Pi_A \mid min(Q_1) < \cdots < min(Q_k)\}$. ⋄

Manfred Schocker beweist nun in [16] (siehe Propositon 5.1, Korollar 6.3 und Theorem 5.4):

Satz 3 *(Manfred Schocker) Seien K ein Körper und $A \in Fin$.*

(i) $\{e_Q \mid Q \in \Pi_A\}$ ist eine K-Basis von $K\Pi_A$.

(ii) $rad(K\Pi_n) = \langle e_Q - e_P \mid Q \in \Pi_n^<, P \in \Pi_n, P \sim_{\Pi_n} Q \rangle_K$

(iii) Die Idempotenten $e_T, T \in \Pi_A^<$ sind primitive, zueinander orthogonale, Idempotente von $K\Pi_A$, deren K-lineares Erzeugnis ein Radikalkomplement in $K\Pi_A$ ist. Insbesondere ist jedes Radikalkomplement kommutativ und zerfallend über K sowie von der K-Dimension $\mid \Pi_A^< \mid$.

(iv) Die Menge $\Pi_A^<$ ist ein Vertretersystem für die $\sim$-Klassen von Π_n. ⋄

Die nächste Proposition zeigt, wie alle Idempotente mit den primitiven, zueinander orthogonalen beschrieben werden können:

Proposition 2 *Seien K ein Körper, A eine endlich-dimensionale assoziative unitäre K-Algebra und $e_1, \cdots, e_n$ zueinander orthogonale Idempotente von A, so dass $\langle e_1, \cdots, e_n \rangle_K$ ein Radikalkomplement in A ist.*

(i) Ist e ein Idempotent von $\langle e_1, \cdots, e_n \rangle_K$, so existiert eine Teilmenge $T \subseteq \underline{n}$ mit $e = \sum_{t \in T} e_t$.

(ii) Ist e ein Idempotent von A, so gibt es ein $r \in rad(A)$ und eine Teilmenge $T \subseteq \underline{n}$ mit $e = (\sum_{t \in T} e_t)^{1+r}$.

Beweis: ad(i): Wegen der Orthogonalität sind die Idempotente $e_1, \cdots, e_n$ K-linear unabhängig. Sei e ein Idempotent von $\langle e_1, \cdots, e_n \rangle_K$. Seien $k_1, \cdots, k_n \in K$ mit $e = \sum\limits_{i=1}^{n} k_i e_i$. Da $e_1, \cdots, e_n$ orthogonal zueinander und idempotent sind, gilt $\sum\limits_{i=1}^{n} k_i e_i = e = e^2 = \sum\limits_{i=1}^{n} k_i^2 e_i$. Daraus erhalten wir $k_i^2 = k_i$ - also $k_i \in \{0, 1\}$ - für alle $i \in \underline{n}$ und damit die Behauptung in (i).

ad(ii): Sei e ein Idempotent von A. Dann ist die Algebra $\langle e \rangle_K$ zu K isomorph, also insbesondere separabel. Nach Korollar 2.2.7 in [19] gibt es ein $r \in rad(A)$ mit $\langle e \rangle_K^{1+r} \leq \langle e_1, \cdots, e_n \rangle_K$. Da mit e auch e^{1+r} idempotent ist, erhalten wir aus (i) eine Teilmenge $T \subseteq \underline{n}$ mit $e^{1+r} = \sum\limits_{t \in T} e_t$. Da $1 + rad(A)$ eine Untergruppe von $E(A)$ ist, gibt es ein $s \in rad(A)$ mit $(1+r)^{-1} = 1+s$. Es folgt nun $e = (\sum\limits_{t \in T} e_t)^{1+s}$. ⋄

Folgerung 7 *Seien K ein Körper und $A \in Fin$. Dann ist $K\Pi_A$ K-Raum-Summe ihrer Radikalkomplemente.*

Beweis: Nach Satz 3 besitzt $K\Pi_A$ eine K-Basis aus Idempotenten. Jedes dieser Idempotente ist nach Proposition 2 in einem Radikalkomplement enthalten. ⋄

Bemerkung 4 Sei A eine assoziative endlich-dimensionale K-Algebra mit separabler Radikalfaktorstruktur. Mit einer ähnlichen Argumentation wie in Folgerung 7 und Proposition 2 (ersetze Idempotent durch separables Element) können wir zeigen, dass A genau dann eine K-Basis aus separablen Elementen besitzt, wenn A die K-Raum-Summe ihrer Radikalkomplemente ist.

Das andere Extrem für die K-Raum-Summe ihrer Radikalkomplemente ist, dass sie mit einem Radikalkomplement übereinstimmt. Das bedeutet aber wegen des Satzes von Wedderburn-Malcev[1], dass sie mit jedem Radikalkomplement identisch ist: Die K-Raum-Summe der Radikalkomplemente ist

---

[1] Anatoli Iwanowitsch Malzew (wiss. Transliteration Anatolij Ivanovic Mal'cev; im Englischen Anatoly Ivanovich Malcev; geboren am 14. Juli 1909 in Mischeronski bei Schatura; gestorben am 7. Juli 1967 in Nowosibirsk) war ein russischer Mathematiker und Logiker. Seine Hauptarbeitsgebiete waren die Algebra und die Modelltheorie. Zahlreiche grundlegende Resultate zur Theorie der Gruppen und Ringe, zur Theorie der Lie-Gruppen und zur topologischen Algebra gehen auf ihn zurück. Insbesondere leistete er wesentliche Beiträge zur Lösung des 5. Hilbertschen Problems, der Begründung der Lieschen Theorie der kontinuierlichen Transformationsgruppen möglichst ohne Differenzierbarkeitsvoraussetzungen. Seine Arbeiten zur Theorie der algebraischen Systeme betreffen das Grenzgebiet von Algebra und Logik, das man seit etwa 1960 als Modelltheorie bezeichnet und zu dessen Begründer Malzew gehörte. Von ihm stammt u.a. die erste Verwendung des Kompaktheitssatzes der mathematischen Logik beim Beweis inhaltsreicher Sätze der Gruppentheorie im Jahre 1941. Zahlreiche Untersuchungen von ihm und der von ihm aufgebauten Nowosibirsker Schule der Modelltheorie hatten Fragen der Axiomatisierbarkeit und Entscheidbarkeit

invariant unter Konjugation mit Einheiten. Somit ist dies dazu äquivalent, dass alle Radikalkomplemente gleich sind, es also nur ein Radikalkomplement gibt. Nach 2.4.5 in [19] ist dies dazu äquivalent, dass sich das Radikal und das Radikalkomplement zentralisieren. Ist A zudem auflösbar, so ist dies also dazu äquivalent, dass das einzige Radikalkomplement zentral ist. In [21] wird diese Eigenschaft dadurch gekennzeichnet, dass die assoziierte Lie-Algebra von A nilpotent ist.◇

2.2 Offene Fragen

- Seien K ein Körper und $n \in \mathbb{N}$. Man Bestimme die Übergangsmatrizen zwischen den K-Basen Π_n und $\{e_P \mid P \in \Pi_n\}$ von $K\Pi_n$!

- Seien K ein Körper und $n \in \mathbb{N}$. Zu jedem $P \in \Pi_n$ gibt es ein $r \in rad(K\Pi_n)$, so dass P^{1+r} bzw. e_P^{1+r} in dem Radikalkomplement $\{e_P \mid P \in \Pi_n^<\}$ liegt. Wie kann man solch ein r bestimmen?

- Seien K ein endlicher Körper und $n \in \mathbb{N}$. Wieviele Idempotente besitzt $K\Pi_n$?

- Seien K ein endlicher Körper und $n \in \mathbb{N}$. Wieviele Radikalkomplemente besitzt $K\Pi_n$?

- Seien K ein Körper und M ein idempotentes Monoid. Gibt es dann eine Basis aus idempotenten Elementen von KM, so dass eine Teilmenge dieser Basis eine Basis eines Radikalkomplements ist?

2.3 Übungsaufgaben

Übungsaufgabe 15 *Sei K ein endlicher Körper. Wieviele und welche Idempotente besitzt $K\Pi_2$? Ist die Antwort abhängig von K?*

Übungsaufgabe 16 *Man beweise Bemerkung 4!*

Übungsaufgabe 17 *Sei K ein endlicher Körper. Wieviele und welche Idempotente besitzt $K\Pi_3$? Ist die Antwort abhängig von K?*

---

konkreter algebraischer Strukturklassen zum Gegenstand. Er war der Begründer einer Theorie der konstruktiven Algebren, in der eine Verbindung von Ideen und Methoden der Berechnungstheorie mit solchen der universellen Algebra hergestellt wird. Malzew gab bereits 1936 eine allgemeine Formulierung des Endlichkeitssatzes für Modelle und 1941 wichtige Anwendungen dieses Satzes in der Gruppentheorie. Er befasste sich eingehend mit der Theorie der rekursiven Funktionen und entwickelte hier insbesondere die Theorie der nummerierten Mengen und Algebren. Zu seinen Doktoranden zählt Juri Leonidowitsch Jerschow.

Übungsaufgabe 18 *Sei K ein endlicher Körper. Wieviele und welche Radikalkomplemente besitzt $K\Pi_2$? Ist die Antwort abhängig von K?*

Übungsaufgabe 19 *Sei K ein endlicher Körper. Wieviele und welche Radikalkomplemente besitzt $K\Pi_3$? Ist die Antwort abhängig von K?*

Übungsaufgabe 20 *Man bestimme die Mengen $\Pi_2^{<}$ und $\Pi_3^{<}$ und berechne deren Mächtigkeit!*

Übungsaufgabe 21 *Sei K ein Körper. Man bestimme die Elemente e_Q für alle $Q \in \Pi_2$!*

Übungsaufgabe 22 *Sei K ein Körper. Man bestimme die Produkte $e_Q e_P$ für alle $Q, P \in \Pi_2$!*

Übungsaufgabe 23 *Sei K ein Körper. Man bestimme die Elemente e_Q für alle $Q \in \Pi_3$!*

Übungsaufgabe 24 *Sei K ein Körper. Man bestimme die Produkte $e_Q e_P$ für alle $Q, P \in \Pi_3$!*

Übungsaufgabe 25 *Sei K ein Körper. Man bestimme die Übergangsmatrizen zwischen den Basen Π_2 und $\{e_Q \mid Q \in \Pi_2\}$ von $K\Pi_2$!*

Übungsaufgabe 26 *Sei K ein Körper. Man bestimme die Übergangsmatrizen zwischen den Basen Π_3 und $\{e_Q \mid Q \in \Pi_2\}$ von $K\Pi_3$!*

Übungsaufgabe 27 *Sei K ein Körper. Für alle $Q \in \Pi_2$ bestimme man ein $r \in rad(K\Pi_2)$, so dass $Q^{1+r} \in \langle e_P \mid P \in \Pi_2^{<} \rangle_K$ gilt! Wieso gibt es solch ein r?*

Übungsaufgabe 28 *Sei K ein Körper. Für alle $Q \in \Pi_2$ bestimme man ein $r \in rad(K\Pi_2)$, so dass $e_Q^{1+r} \in \langle e_P \mid P \in \Pi_2^{<} \rangle_K$ gilt! Wieso gibt es solch ein r?*

Übungsaufgabe 29 *Sei K ein Körper. Für alle $Q \in \Pi_3$ bestimme man ein $r \in rad(K\Pi_3)$, so dass $Q^{1+r} \in \langle e_P \mid P \in \Pi_3^{<} \rangle_K$ gilt! Wieso gibt es solch ein r?*

Übungsaufgabe 30 *Sei K ein Körper. Für alle $Q \in \Pi_2$ bestimme man ein $r \in rad(K\Pi_3)$, so dass $e_Q^{1+r} \in \langle e_P \mid P \in \Pi_3^{<} \rangle_K$ gilt! Wieso gibt es solch ein r?*

Übungsaufgabe 31 *Seien $A \in Fin$ und K ein Körper. Man bewiese oder widerlege:*

- *Π_A ist zu $\Pi_{|A|}$ isomorph.*

- *$K\Pi_A$ ist zu $K\Pi_{|A|}$ isomorph.*

Kapitel 3

Dimensionen

In diesem Kapitel klären wir folgende Thematiken bzgl. Dimensionsbetrachtungen zu $K\Pi_n$:

- Dimension von $K\Pi_n$: Anzahlformeln für die Menge der geordneten Mengenpartionen
- Dimension der Radikalfaktorstruktur von $K\Pi_n$: Anzahlformeln für die Menge der ungeordneten Mengenpartitionen (Bell-Zahlen, Stirling-Zahlen)
- Dimension des Radikals von $K\Pi_n$ als Differenz dieser Dimensionen
- untere Schranken für diese Dimensionen durch die Solomon-Algebra
- Zuwachsbetrachtungen dieser Dimensionen.

3.1 Dimensionen und untere Schranken für die Solomons-Tits-Algebra und ihrer Radikalfaktorstruktur

Definitionen 4 Das von $\mathbb{N}$ frei erzeugte Monoid bezeichnen wir mit $\mathbb{N}^*$, seine Elemente nennen wir Worte. Ist $q = q_1 \cdots q_k$ ein Wort, so sei die Länge von q durch $|q|(:= k)$ bezeichnet. Für jeden Buchstaben $n \in \mathbb{N}$ definieren wir den Multigrad von n bzgl. q durch $\mu_n(q) := |\{i \mid 1 \leq i \leq |q|, n = q_i\}|$.
Sind $n \in \mathbb{N}$ und $q = q_1 \cdots q_k \in \mathbb{N}^*$, so ist q eine Zerlegung von n – in Zeichen $q \models n$ –, wenn $\sum_{i=1}^{k} q_i = n$ gilt. q nennen wir Partition von n – geschrieben $q \vdash n$ – wenn zudem $q_1 \geq \cdots \geq q_k$ erfüllt ist.
Zwei Worte v, w heissen assoziiert – in Zeichen $v \approx w$ – wenn sie für alle Buchstaben n dengleichen Multigrad von n besitzen.
Ist $n \in \mathbb{N}$ und $Q = (Q_1, \cdots, Q_k) \in \Pi_n$, so sei der Typ von Q definiert durch das n zerlegende Wort $Typ(Q) := |Q_1| \cdots |Q_k|$.
Für jedes $n \in \mathbb{N}$ sei A_n die alternierende Gruppe vom Grad n.◇

Bemerkung 5 Seien K ein Körper und $n \in \mathbb{N}$. Wie wir in Folgerung 2 erwähnt haben, ist für jedes $n \in \mathbb{N}$ die Solomon-Algebra D_n bis auf Isomorphie als Teilalgebra in $K\Pi_n$ enthalten. Die Dimension von D_n ist bekanntlich 2^{n-1} – die Anzahl der Zerlegungen von n – woraus wir als untere Schranke für die Dimension der Solomon-Tits-Algebra 2^{n-1} erhalten.

Diese Abschätzung lässt sich auch folgendermassen einsehen: Ist $n \in \mathbb{N}$ und $q = q_1 \cdots q_k$ eine Zerlegung von n, so definieren wir die geordnete Mengenpartition $Q_q := (Q_1, \cdots, Q_k)$ durch $Q_1 := \underline{q_1}_]$ und $Q_i := \underline{q_1 + \cdots + q_{ij}} \setminus \underline{q_1 + \cdots + q_{i-1]}}$ für alle $2 \leq i \leq k$. Man überlegt sich leicht, dass die Zuordnung $q \mapsto Q_q$ injektiv ist.

Eine grössere untere Schranke für die Dimension von $K\Pi_n$ ist $n!$: jeder Permutaton $\alpha \in S_n$ können wir die geordnete Mengenpartition $P_\alpha := (1\alpha, \cdots, n\alpha)$ zuordnen. Auch die Abbildung $\alpha \mapsto P_\alpha$ ist injektiv. Das Bild dieser Abbildung ist eine Klasse bzgl. $\sim_{\Pi_n}$.⋄

Durch eine einfache kombinatorische Überlegung lässt sich einsehen:

Bemerkung 6 *Jedes Wort q besitzt $\dfrac{|q|!}{\prod_{a \in \mathbb{N}} \mu_q(a)!}$ Assoziierte.*⋄

Satz 4 *Sei $n \in \mathbb{N}$.*

(i) $|\Pi_n| = n! \cdot \displaystyle\sum_{q_1 \cdots q_k \models n} \dfrac{1}{\prod_{i=1}^{k} (q_i)!}$

(ii) $|\Pi_n| = n! \cdot \displaystyle\sum_{q_1 \cdots q_k \vdash n} \dfrac{|q|!}{\prod_{a \in \mathbb{N}} \mu_q(a)! \prod_{i=1}^{k} (q_i)!}$

Beweis: ad(i): Die symmetrische Gruppe S_n operiert per $(P_1, \cdots, P_k)\alpha := (P_1\alpha, \cdots, P_k\alpha)$ auf Π_n (wobei $P_i\alpha := \{x\alpha \mid x \in P_i\}$). Sei $P = (P_1, \cdots, P_k) \in \Pi_n$. Die Bahn von P unter S_n enthält genau die geordneten Mengenpartitionen, die denselben Typ wie P besitzen. Der Stabilisator von P unter S_n ist eine Young[1]-Untergruppe, und sie ist zu $S_{|P_1|} \times \cdots \times S_{|P_k|}$ isomorph. Daraus

---

[1] Alfred Young (geboren am 16. Mai 1873 in Widnes in Lancashire; gestorben am 15. Dezember 1940 in Birdbrook in Essex) war ein englischer Mathematiker und Pfarrer, der vor allem durch seine Erfindung der Young-Tableau in der Darstellungstheorie von Gruppen bekannt ist, die aus seiner Arbeit über Invariantentheorie entstanden. Mit diesen Tableaux lassen sich die irreduziblen Darstellungen der symmetrischen Gruppe und damit auch z.B. die der unitären Gruppen charakterisieren. Die Bedeutung dieser Tableaux wurde schon früh vom damals führenden englischen Gruppentheoretiker William Burnside sowie von Hermann Weyl und Ferdinand Georg Frobenius, der sie bereits 1903 benutzte, erkannt. Die Arbeiten von Frobenius und Issai Schur zur Darstellungstheorie waren Young anfangs noch nicht bekannt (erst Burnside machte ihn darauf aufmerksam), er schlug aber in seinen späteren Arbeiten ab den 1920er Jahren Verbindungen zur deutschen Schule der Darstellungstheorie. Neben seiner Mathematik war er auch als Erfinder tätig (Er patentierte 1918 einen Elektromotor für Pumpen und 1919 einen Generator für hohe Frequenzen.).

$p \vdash 5$	$\mid [p]_{\approx} \mid$	$\prod_{i=1}^{k}(p_i)!$
5	1	5!
41	2	4!
311	3	3!
32	2	3!2!
221	3	2!2!
2111	4	2!
11111	1	1.

Tabelle 3.1: Hilfstabelle zur Berechnung von $\mid \Pi_5 \mid$

n	2^{n-1}	$n!$	$\mid \Pi_n \mid$
1	1	1	1
2	2	2	3
3	4	6	13
4	8	24	70
5	16	120	541.⋄

Tabelle 3.2: untere Schranken von $\mid \Pi_n \mid$

folgt nun leicht (i).

ad(ii): Jede Assoziiertenklasse enthält genau eine Partition. Der Nenner eines Summanden der Formel in (i) ist für assoziierte Worte identisch. Mit Bemerkung 6 und (i) erhalten wir (ii).⋄

Beispiel 2 Wir zeigen, dass es genau 541 geordnete Mengenpartitionen von $\underline{5}$ gibt. Dazu ist in Hinblick auf Satz 4 die Hilfstabelle 3.1 hilfreich, aus der wir $\mid \Pi_5 \mid = 5!(1 + 4\frac{1}{2!} + 3\frac{1}{2!2!} + 2\frac{1}{3!2!} + 3\frac{1}{3!} + 2\frac{1}{4!} + 1\frac{1}{5!}) = 120 + 240 + 90 + 20 + 60 + 10 + 1 = 541$ folgern. In der Tabelle 3.2 listen wir die unteren Schranke laut Bemerkung 5 für die Dimension der Solomon-Tits-Algebren $K\Pi_n$ für $n \in \underline{5}$ auf.⋄

Bemerkung 7 Seien K ein Körper und $n \in \mathbb{N}$. Der Seite 10 in [16] ist zu entnehmen, dass die Dimension der Radikalfaktorstruktur von $K\Pi_n$ genau der Anzahl der ungeordneten Mengenpartitionen von $\underline{n}$ entspricht. Nach Folgerung 2 ist die Solomon-Algebra D_n zu einer Teilalgebra T von $K\Pi_n$ isomorph. Da $K\Pi_n$ nach Satz 2 auflösbar ist, erhalten wir aus Proposition 5 in [21] die Inklusion $rad(T) \leq rad(K\Pi_n)$. Somit ist $D_n/rad(D_n)$ zu einer Teilalgebra der Radikalfaktoralgebra von $K\Pi_n$ isomorph. Insbesondere gilt $dim_K(K\Pi_n/rad(K\Pi_n)) \geq dim_K(D_n/rad(D_n))$. Diese untere Schranke ist bekanntlich genau $p(n)$ – die Anzahl der Partitionen von n –.⋄

Definitionen 5 Seien $n \in \mathbb{N}_0$ und $0 \leq k \leq n$. Mit $B(n)$ – die sogenannten Bell[2]-Zahlen – bezeichnen wir die Anzahl der ungeordneten Mengenpartitionen von $\underline{n}$. Es ist also $B(n)$ die K-Dimension der Radikalfaktorstruktur von $K\Pi_n$. Die k-te Stirling[3]-Zahl (zweiter Art) $S(n,k)$ sei die Anzahl der ungeordneten Mengenpartitionen von $\underline{n}$, die genau aus k Teilmengen von $\underline{n}$ bestehen.⋄

Wir fassen einige bekannte Tatsachen über Bell- und Stirling-Zahlen zusammen (siehe [22]):

Satz 5 Seien $n \in \mathbb{N}_0$ und $0 \leq k \leq n$.

(i) $S(n,k) = S(n-1, k-1) + k \cdot S(n-1, k)$

(ii) $S(n,k) = \sum_{r=0}^{k} (-1)^{k-r} \frac{r^n}{r!(k-r)!}$

---

[2] Eric Temple Bell (geboren am 7. Februar 1883 in Peterhead bei Aberdeen; gestorben am 21. Dezember 1960 in Watsonville, Kalifornien) war ein schottisch-amerikanischer Mathematiker, der Bücher zur Geschichte der Mathematik und zahlreiche Arbeiten zur Zahlentheorie, Kombinatorik und Analysis veröffentlichte. Bell lebte seit 1903 in den USA. Er besuchte die Stanford University und die Columbia University. Seit 1912 lehrte er Mathematik an der University of Washington und später am California Institute of Technology. Im Jahre 1924 bekam er den Bôcher Memorial Prize für seine Abhandlung Arithmetical paraphrases. Bell ist einem breiteren Publikum vor allem durch seine Bücher bekannt geworden, insbesondere für seine klassische Sammlung von Mathematiker-Biographien Men of Mathematics (1937), das heute noch nachgedruckt wird. Weitere Veröffentlichungen sind Algebraic Arithmetic (1927), The Development of Mathematics (1940) und Mathematics, Queen and Servant of Science (1951). Nach ihm wurde die Bellsche Zahl benannt, die die Anzahl der Partitionen einer n-elementigen Menge beschreibt. Unter dem Pseudonym John Taine schrieb Bell auch Science-Fiction-Romane.

[3] James Stirling (geboren im Mai 1692 in Garden bei Stirling; gestorben am 5. Dezember 1770 in Edinburgh) war ein schottischer Mathematiker. Stirling reiste Ende 1710 nach Oxford, wo er als Snell-Stipendiat am 18. Januar 1711 am Balliol College der Universität Oxford immatrikuliert wurde. Im Oktober 1711 erhielt er ein weiteres Stipendium (Bishop Warner Exhibition). Die Familie Stirling gehörte zu den Jakobiten, Anhängern der Stuarts, und nach dem ersten Jakobitenaufstand 1715 wurden Stirling die Stipendien entzogen. Auf Vermittlung des mit ihm befreundeten venezianischen Botschafters Nicholas Tron lebte er von (vermutlich) 1717 bis 1722 in Venedig, 1721 besuchte er die Universität Padua. Nach der Rückkehr nach Großbritannien war er ab 1725 für etwa zehn Jahre Lehrer an der Watts Academy in Covent Garden, London. Er wurde 1726 zum Mitglied der Royal Society gewählt. Von 1734 bis 1736 arbeitete er im Sommer für die Scotch Mines Company in Leadhills in Lanarkshire, Schottland. Anfang Mai 1737 erhielt er dort eine dauerhafte Anstellung als Chief Agent, diese Stelle behielt er bis zu seinem Tod. Allen Berichten zufolge war seine Tätigkeit dort sehr erfolgreich. Am 30. Juni 1746 wurde er zum Mitglied der Königlich-Preußischen Akademie der Wissenschaften gewählt. 1753 trat er aus finanziellen Gründen aus der Royal Society aus. Stirling verfasste Beiträge zur Theorie der Kubiken, zur Newtonschen Interpolationstheorie und zu verschiedenen Reihenentwicklungen. Nach ihm sind die Stirling-Zahlen in der Kombinatorik und die Stirling-Formel zur Approximation der Fakultät benannt. Stirling ist auf dem Friedhof Greyfriars Kirkyard in Edinburgh begraben.

(1.)	**1**	–	–	–	–
(2.)	1	**2**	–	–	–
(3.)	2	3	**5**	–	–
(4.)	5	7	10	**15**	–
(5.)	15	20	27	37	**52**

Tabelle 3.3: Dreiecks-Schema zur Berechnung der Bell-Zahlen

n	$p(n)$	$B(n)$
1	1	1
2	2	2
3	3	5
4	5	15
5	7	52. ⋄

Tabelle 3.4: Partitionenzahlen und Bell-Zahlen

(iii) $B(n) = \sum\limits_{i=1}^{n} S(n,k)$

(iv) $B(n+1) = \sum\limits_{k=0}^{n} \binom{n}{k} \cdot B(k)$

(v) $B(n) = \frac{1}{e} \sum\limits_{k=0}^{\infty} \frac{k^n}{k!}$ *(Dobinsky).*⋄

Bemerkung 8 Sei $n \in \mathbb{N}$. Die Bell-Zahlen können auch mit folgendem Dreiecks-Schema berechnet werden (siehe [22]):

(1.) Starte mit der Zahl 1. Sie bildet die erste Zeile.
(2.) Starte eine neue Zeile mit der rechts-äussersten Zahl der vorherigen Zeile.
(3.) Berechne die nächste Zahl der Zeile aus der Summe der Zahl zur linken und deren Zahl direkt oberhalb.
(4.) Wiederhole (3.) solange, bis die neue Zeile genau einen Eintrag mehr enthält als die vorherige Zeile.
(5.) Die Zahl rechts-aussen der i-ten Zeile ist die i-te Bell-Zahl.

Wir berechnen die Bell-Zahlen $B(n)$ für $n = 1, \cdots, 5$ in Tabelle 3.3 und listen die zugehörigen Partitionenzahlen in Tabelle 3.4 auf.⋄

Folgerung 8 *Seien* $n \in \mathbb{N}$ *und* K *ein Körper.*

(i) $\forall k \in \underline{n}_0 : |\{P \in \Pi_n \mid l(P) = k\}| = k! \cdot S(n,k)$
  Speziell gibt es genau $n!$ *geordnete Mengenpartitionen der Länge* n.

(ii) $|\Pi_n| = \sum_{k=0}^{n} k! \cdot S(n,k)$

(iii) $|\Pi_{n+1}| - |\Pi_n| = 2 \cdot \sum_{k=0}^{n} k \cdot k! \cdot S(n,k)$

(iv) $|\Pi_{n+1}| \geq 3 |\Pi_n| \geq 3^n$

(v) $dim_K(rad(K\Pi_n)) = \sum_{k=0}^{n} (k! - 1) \cdot S(n,k)$

(vi) $dim_K(\Pi_n/rad(K\Pi_n)) = B(n)$.

Beweis: ad(i): Sei $k \in \underline{n}_0$. Man betrachte die surjektive Abbildung $\varphi : (P_1, \cdots, P_k) \mapsto \{P_1, \cdots, P_k\}$ von den geordneten Mengenpartitionen auf die Menge der ungeordneten Mengenpartitonen der Länge k. Jede ungeordnete Mengenpartition hat genau $k!$ Urbilder unter φ.

ad(ii): Dies folgt unmittelbar aus (i).

ad(iii): Für alle $k \in \underline{n}_0$ gilt nach Satz 5 die Rekursion $S(n,k) = S(n-1, k-1) + k \cdot S(n-1, k)$. Daraus erhalten wir mit (ii):

$$
\begin{aligned}
& |\Pi_{n+1}| - |\Pi_n| \\
=& \sum_{k=0}^{n+1} k! \cdot S(n+1, k) - \sum_{k=0}^{n} k! \cdot S(n,k) \\
=& \sum_{k=0}^{n} k! \cdot S(n, k-1) + (\sum_{k=0}^{n} k! \cdot k \cdot S(n,k)) + (n+1)! - \sum_{k=0}^{n} k! \cdot S(n,k) \\
=& \sum_{k=0}^{n-1} (k+1)! \cdot S(n, k) + (\sum_{k=0}^{n} k! \cdot k \cdot S(n,k)) + (n+1)! - \sum_{k=0}^{n} k! \cdot S(n,k) \\
=& \sum_{k=0}^{n} (k+1)! \cdot S(n, k) + \sum_{k=0}^{n} k! \cdot k \cdot S(n,k) - \sum_{k=0}^{n} k! \cdot S(n,k) \\
=& 2 \cdot \sum_{k=0}^{n} k \cdot k! \cdot S(n,k).
\end{aligned}
$$

ad(iv): Dies folgt aus (ii) und (iii).

ad(v)+(vi): Nach Bemerkung 7 ist die Dimension der Radikalfaktoralgebra von $K\Pi_n$ genau $B(n)$, also die des Radikals genau $|\Pi_n| - B(n)$. Diese Differenz ist nach Satz 5 und Teil (ii) genau die Angegebene.◇

Bemerkung 9 Seien $n \in \mathbb{N}$ und K ein Körper. Die Bell-Zahlen $B(n)$ haben wir als K-Dimension der Radikalfaktorstruktur von $K\Pi_n$ identifiziert. Sie tauchen auch bei der Frage auf, die Anzahl der unitalen Teilalgebren der Radikalkomplemente von $K\Pi_n$ zu bestimmen. Ein Radikalkomplement T (und damit alle nach dem Satz von Wedderburn-Malcev) ist zu der Algebra K^l isomorph, wobei $l := |\Pi_A^<| = B(n)$ gilt (siehe Satz 3). Nach Übungsaufgabe 8, Seite 84 in [15] ist die Anzahl der unitalen Teilalgebren von T genau $B(l) = B(B(n))$. ⋄

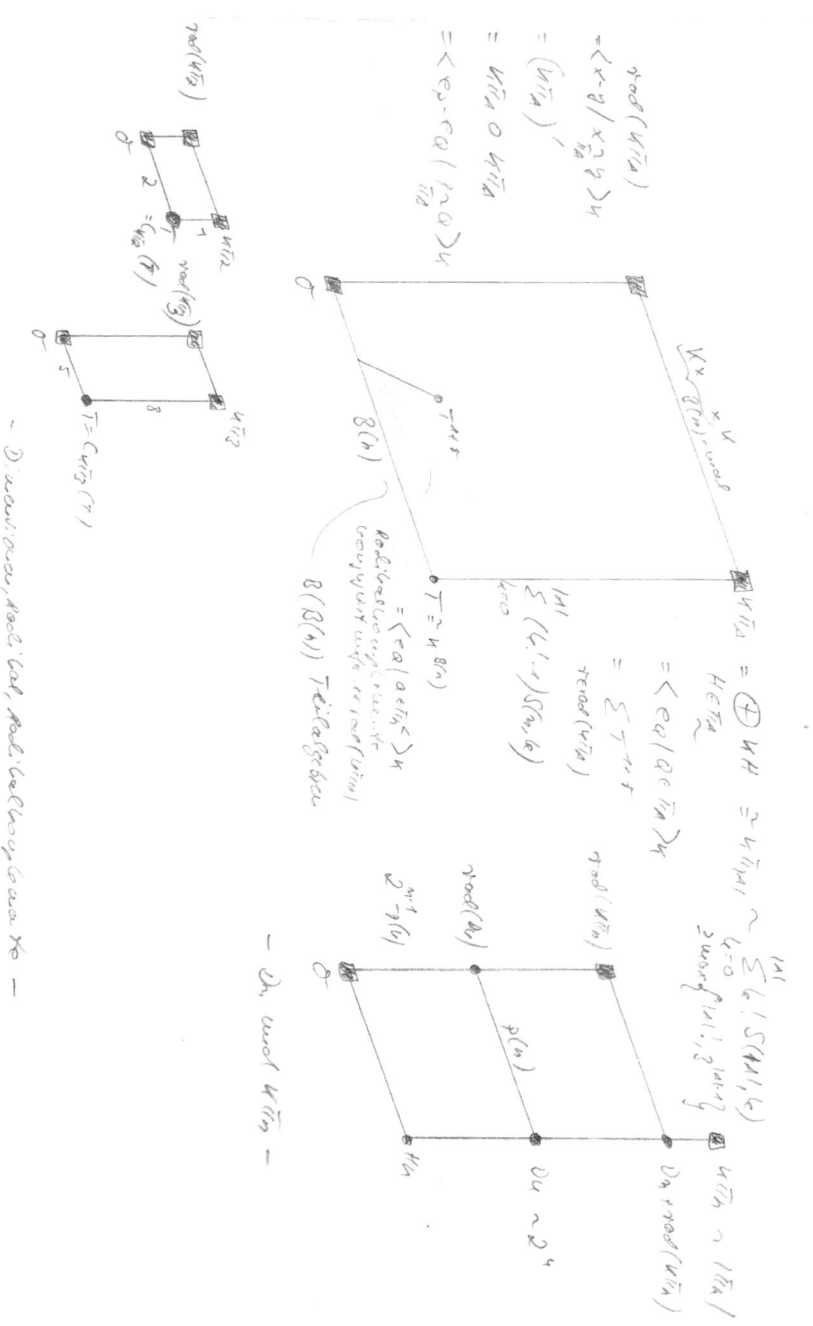

3.2 Offene Fragen

- Seien $n \in \mathbb{N}$ und K ein Körper. Konvergieren oder divergieren die Zahlen $dim_K(K\Pi_{n+1}) - dim_K(K\Pi_n)$?
- Seien $n \in \mathbb{N}$ und K ein Körper. Konvergieren oder divergieren die Zahlen $\frac{dim_K(K\Pi_{n+1})}{dim_K(K\Pi_n)}$?
- Seien $n \in \mathbb{N}$ und K ein Körper. Konvergieren oder divergieren die Zahlen $dim_K(K\Pi_n) - dim_K(D_n)$?
- Seien $n \in \mathbb{N}$ und K ein Körper. Konvergieren oder divergieren die Zahlen $\frac{dim_K(K\Pi_n)}{dim_K(D_n)}$?
- Seien $r, n \in \mathbb{N}$. Gibt es eine Formel für $B^r(n) = \underbrace{B(...(n))}\, r - mal$?
- Seien $n \in \mathbb{N}$ und K ein Körper. Man betrachte D_n als Teilalgebra von $K\Pi_n$. Gibt es eine Basis von $K\Pi_n$, so dass eine Teilmenge davon eine Basis von D_n ist? Gilt Entsprechendes für ein Radikalkomplement? Gibt es eine Basis, die beides simultan leistet? Gilt diese Aussage allgemeiner für eine Monoidalgebra und spezielle Teilalgebren?

3.3 Übungsaufgaben

Übungsaufgabe 32 *Man bestimme alle Partitionen von 4. Was ist ihre Anzahl?*

Übungsaufgabe 33 *Man bestimme alle Zerlegungen von 5. Was ist ihre Anzahl?*

Übungsaufgabe 34 *Ist das Wort* $1.3.4.5.8$[4] *eine Zerlegung und/oder Partition von 21? Welche Länge hat dieses Wort?*

Übungsaufgabe 35 *Sind die Worte* $1.3.4.5.8$ *und* $4.3.8.5.1$ *assoziiert? Welches sind die Assoziierten dieser Worte? Wieviele Assoziierte haben diese Worte? Was ist der Typ von* $(8.9.1, 2.3.4.5, 6.7)$? *Man zeige, dass der Typ dieser Mengen-Partition kein Assoziiertes von* $1.3.4.5.8$ *ist!*

Übungsaufgabe 36 *Man zeige, dass das Assoziiertsein eine Äquivalenzrelation auf der Menge aller Worte ist!*

Übungsaufgabe 37 *Für welche und wieviele Assoziierte von* $1.3.4.5.8$ *gilt:*

---
[4] Die Buchstaben $\mathbb{N}$ eines Wortes trennen wir durch einen Punkt voneinander. So ist das Wort 1.2.4 ein Wort, das sich aus den Buchstaben 1, 2 und 4, das Wort 1.24 eines, das sich aus den Buchstaben 1 und 24 zusammensetzt. Zur Deutlichkeit schreiben wir auch 1.(24).

(i) Der Multigrad von 3 ist 2?

(ii) Der Multigrad von 5 ist 3?

(iii) Der Multigrad von 1 ist 0?

Übungsaufgabe 38 *Man beweise Bemerkung 5!*

Übungsaufgabe 39 *Man beweise Bemerkung 6!*

Übungsaufgabe 40 *Man beweise Satz 5!*

Übungsaufgabe 41 *Man beweise Bemerkung 9!*

Übungsaufgabe 42 *Für $n = 6, 7, 8, 9, 10$ bestimme man 2^{n-1}, $n!$, $\mid \Pi_n \mid$, $\mid \Pi_n \mid - \mid \Pi_{n-1} \mid$ und $\frac{\mid \Pi_n \mid}{\mid \Pi_{n-1} \mid}$. Welche Bedeutung haben diese Zahlen für die Struktur von $K\Pi_n$ (K Körper)?*

Übungsaufgabe 43 *Sei K ein Körper. Für $n = 6, 7, 8, 9, 10$ bestimme man $p(n)$, $B(n)$, $\mid \Pi_n \mid$ und $\mid \Pi_n \mid - B(n)$. Welche Bedeutung haben diese Zahlen für die Struktur von $K\Pi_n$?*

Kapitel 4

Über Links- und Rechtsideale

In diesem Kapitel klären wir folgende Thematiken bzgl. Links- und Rechtsidealen:

- Einbettungen von $K\Pi_n$ in $K\Pi_{n+1}$ sowie Hauptrechtsidealeigenschaft und Komplemente ihrer Bilder in $K\Pi_{n+1}$

- $K\Pi_n$ und (Quasi)-Frobeniusalgebren

- $K\Pi_n$ und Uniserialität

- $K\Pi_n$ und Lokalität

- Teilalgebren von $K\Pi_n$ isomorph zu Gruppenalgebren symmetrischer Gruppen

- eine spezielle Idealkette von $K\Pi_n$ basierend auf der Längenfunktion

- Beispiele für Hauptlinksideale von $K\Pi_n$, die keine Hauptrechtsideale und keine Hauptideale sind (und entsprechende Beispiele für die anderen Variationen)

- Motivation zum Studium von Duo-Algebren.

4.1 Einbettungen

Bemerkung 10 Sei $n \in \mathbb{N}$. Die injektiven (Eins-treuen) Abbildungen von Π_n in Π_{n+1} definiert durch

$$\alpha : (P_1, \cdots, P_k) \mapsto (P_1 \cup \{n+1\}, P_2, \cdots, P_k) \text{ und}$$

$$\beta : (P_1, \cdots, P_k) \mapsto (P_1, \cdots, P_{k-1}, P_k \cup \{n+1\})$$

sind für $n \geq 2$ keine Halbgruppenhomomorphismen, denn es gelten:

$$
\begin{aligned}
& ((1,\cdots,n) \wedge (\underline{n-1},n))\alpha \\
=\ & (1,\cdots,n)\alpha \\
=\ & (1(n+1),\cdots,n) \\
\neq\ & (n+1,1,2,\cdots,n) \\
=\ & (1(n+1),\cdots,n) \wedge (\underline{n-1} \cup \{n+1\},n) \\
=\ & (1,\cdots,n)\alpha \wedge (\underline{n-1},n)\alpha
\end{aligned}
$$

und

$$
\begin{aligned}
& ((1,\cdots,n) \wedge (n,\underline{n-1},n))\beta \\
=\ & (1,\cdots,n)\beta \\
=\ & (1(n+1),\cdots,n) \\
\neq\ & (1,2,\cdots,n,n+1) \\
=\ & (1,\cdots,n(n+1)) \wedge (n,\underline{n-1} \cup \{n+1\}) \\
=\ & (1,\cdots,n)\beta \wedge (n,\underline{n-1})\beta.\diamond
\end{aligned}
$$

Proposition 3 *Sei $n \in \mathbb{N}$. Dann ist die Spiegelungs-Abbildung*

$$s_n : (P_1, P_2, \cdots, P_{k-1}, P_k) \mapsto (P_k, P_{k-1}, \cdots, P_2, P_1)$$

ein involutorischer und längeninvarianter Automorphismus von Π_n.

Beweis: Offenbar ist nur zu zeigen, dass s_n ein Homomorphismus ist. Seien $P := (P_1, \cdots, P_k)$ und $Q := (Q_1, \cdots, Q_l)$ zwei Elemente von Π_n. Es gilt:

$$
\begin{aligned}
& (P \wedge Q)s_n \\
=\ & (P_1 \cap Q_1, \cdots, P_1 \cap Q_l, P_2 \cap Q_1, \cdots, P_2 \cap Q_l, \\
& \vdots \\
& P_{k-1} \cap Q_1, \cdots, P_{k-1} \cap Q_l, P_k \cap Q_1, \cdots, P_k \cap Q_l)s_n \\
=\ & (P_k \cap Q_l, \cdots, P_1 \cap Q_l, P_{k-1} \cap Q_l, \cdots, P_{k-1} \cap Q_1, \\
& \vdots \\
& P_2 \cap Q_l, \cdots, P_2 \cap Q_1, P_1 \cap Q_l, \cdots, P_1 \cap Q_1) \\
=\ & (P_k, P_{k-1}, \cdots, P_2, P_1) \wedge (Q_l, Q_{l-1}, \cdots, Q_2, Q_1) \\
=\ & Ps_n \wedge Qs_n.\diamond
\end{aligned}
$$

Proposition 4 *Sei $n \in \mathbb{N}$. Dann sind die Abbildungen*

$$r_n : (P_1, \cdots, P_k) \mapsto (P_1, \cdots, P_k, n+1) \text{ und}$$

$$l_n : (P_1, \cdots, P_k) \mapsto (n+1, P_1, \cdots, P_k)$$

Halbgruppenmonomorphismen von Π_n *in* Π_{n+1} *mit* $l_n = s_n r_n s_{n+1}$.

Insbesondere sind $\Pi_n r_n$ *und* $\Pi_n l_n$ *zu* Π_n *isomorphe Teilhalbgruppen von* Π_{n+1}.

Beweis: Offenbar ist nur zu zeigen, dass r_n und l_n Homomorphismen sind. Seien $P := (P_1, \cdots, P_k)$ und $Q := (Q_1, \cdots, Q_l)$ zwei Elemente von Π_n. Es gelten:

$$(P \wedge Q) r_n$$
$$= (P_1 \cap Q_1, \cdots, P_1 \cap Q_l, P_2 \cap Q_1, \cdots, P_2 \cap Q_l,$$
$$\vdots$$
$$P_{k-1} \cap Q_1, \cdots, P_{k-1} \cap Q_l, P_k \cap Q_1, \cdots, P_k \cap Q_l) r_n$$
$$= (P_1 \cap Q_1, \cdots, P_1 \cap Q_l, P_2 \cap Q_1, \cdots, P_2 \cap Q_l,$$
$$\vdots$$
$$P_{k-1} \cap Q_1, \cdots, P_{k-1} \cap Q_l, P_k \cap Q_1, \cdots, P_k \cap Q_l, n+1)$$

und

$$P r_n \wedge Q r_n$$
$$= (P_1, \cdots, P_k, n+1) \wedge (Q_1, \cdots, Q_l, n+1)$$
$$= (P_1 \cap Q_1, \cdots, P_1 \cap Q_l, \emptyset, P_2 \cap Q_1, \cdots, P_2 \cap Q_l, \emptyset,$$
$$\vdots$$
$$P_{k-1} \cap Q_1, \cdots, P_{k-1} \cap Q_l, \emptyset, P_k \cap Q_1, \cdots, P_k \cap Q_l, \emptyset, \emptyset, \cdots, \emptyset, n+1).$$

Da leere Mengen entfernt werden, ist die Homomorphie von r_n bewiesen. Aus $l_n = s_n r_n s_{n+1}$ und Proposition 3 erhalten wir die Behauptung.◇

Satz 6 *Seien K ein Körper und $n \in \mathbb{N}$.*

(i) $K\Pi_n r_n = (\underline{n}, n+1) K\Pi_{n+1} \cong K\Pi_n$

(ii) $K\Pi_n l_n = (n+1, \underline{n}) K\Pi_{n+1} \cong K\Pi_n$

(iii) $K\Pi_{n+1} = K\Pi_n r_n \oplus (1 - (\underline{n}, n+1)) K\Pi_{n+1}$

(iv) $K\Pi_{n+1} = K\Pi_n l_n \oplus (1 - (n+1, \underline{n})) K\Pi_{n+1}$

(v) $\{(P_1, \cdots P_k, n+1) \mid k \geq 1, (P_1, \cdots, P_k) \in \Pi_n\}$ *ist eine K-Basis des Rechtsideals* $K\Pi_n r_n$.

(vi) $\{(n+1, P_1, \cdots P_k) \mid k \geq 1, (P_1, \cdots, P_k) \in \Pi_n\}$ *ist eine K-Basis des Rechtsideals* $K\Pi_n l_n$.

(vii) $\{P - (\underline{n}, n+1)P \mid P = (P_1, \cdots, P_k) \in \Pi_{n+1}, P_k \neq \{n+1\}\}$ ist eine K-Basis von $(1 - (\underline{n}, n+1))K\Pi_{n+1}$ bestehend aus $2\sum\limits_{k=0}^{n} k\, k!\, S(n,k)$ Elementen.

(viii) $\{P - (n+1, \underline{n})P \mid P = (P_1, \cdots, P_k) \in \Pi_{n+1}, P_1 \neq \{n+1\}\}$ ist eine K-Basis von $(1 - (n+1, \underline{n}))K\Pi_{n+1}$ bestehend aus $2\sum\limits_{k=0}^{n} k\, k!\, S(n,k)$ Elementen.

(ix) $K\Pi_n\, r_n \cap K\Pi_n\, l_n = \{0\}$
Insbesondere ist $K\Pi_n\, l_n \oplus K\Pi_n\, r_n$ ein Rechtsideal der K-Dimension $2 \cdot \mid \Pi_n \mid$.

Beweis: Sei $(P_1, \cdots, P_r, \cdots, P_l) \in \Pi_{n+1}$ mit $n+1 \in P_r$. Es gelten $(\underline{n}, n+1) \wedge (P_1, \cdots, P_r, \cdots, P_l) = (P_1, \cdots, P_r \setminus \{n+1\}, \cdots, P_l, n+1)$ und $(n+1, \underline{n}) \wedge (P_1, \cdots, P_r, \cdots, P_l) = (n+1, P_1, \cdots, P_r \setminus \{n+1\}, \cdots, P_l)$. Daraus erhalten wir $(\underline{n}, n+1)K\Pi_{n+1} \subseteq K\Pi_n\, r_n = (\underline{n}, n+1)K\Pi_n\, r_n \subseteq (\underline{n}, n+1)K\Pi_{n+1}$ und $(n+1, \underline{n})K\Pi_{n+1} \subseteq K\Pi_n\, l_n = (n+1, \underline{n})K\Pi_n\, l_n \subseteq (n+1, \underline{n})K\Pi_{n+1}$. Mit Proposition 4 ergeben sich nun (i) und (ii).
Die Aussagen (iii) und (iv) folgen leicht aus denen in (i) und (ii), und die Aussagen in (vii) und (viii) sind eine einfache Konsequenz aus (iii) und (iv) sowie Folgerung 8.
Mit Hilfe von Proposition 4 erhalten wir leicht (v) und (vi).
Die Aussage in (ix) ist eine einfache Folgerung aus (v) und (vi): die angegebenen Basen haben einen leeren Schnitt, da es keine geordnete Mengenpartition der Länge ≥ 2 gibt, deren erste und letzte Komponente mit der Menge $\{n+1\}$ übereinstimmt.⋄

4.2 Hauptlinks-, Hauptrechts- und Hauptideale

Proposition 5 *Seien K ein Körper und $n \in \mathbb{N}_{\geq 2}$. Dann gelten:*

(i) $K\Pi_n\, e_{(\underline{n})}$ ist ein Linksideal, aber kein Rechtsideal.

(ii) $K\Pi_n\, r_n$ ist ein Rechtsideal, aber kein Linksideal.

Beweis: Nach Seite 22 in [16] ist $K\Pi_n\, e_{(\underline{n})}$ ein Linksideal der Dimension $l((\underline{n}))! = 1$. Wäre $K\Pi_n\, e_{(\underline{n})}$ ein Rechtsideal, so müsste es das Rechtsideal $e_{(\underline{n})}K\Pi_n$ enthalten. Dieses besitzt aber nach Bemerkung 6.5 in [16] die Dimension $2 \cdot \mid \Pi_{n-1} \mid \geq 2$. Somit ist $K\Pi_n\, e_{(\underline{n})}$ kein Rechtsideal.
Schliesslich zeigen wir, dass $K\Pi_n\, r_n = (\underline{n}, n+1)K\Pi_{n+1}$ (siehe Satz 6) kein Linksideal ist. Es gilt nämlich $(n+1, \underline{n}) \wedge (\underline{n}, n+1) = (n+1, \underline{n})$, und $(n+1, \underline{n})$ ist wegen Teil (v) von Satz 6 nicht in $K\Pi_n\, r_n$ enthalten.⋄

Bemerkung 11 Wir bemerken das Folgende bzgl. Proposition 5 an: Das Rechtsideal $K\Pi_n r_n$ ist echt in dem Linksideal $K\Pi_{n+1}(n+1, \underline{n})$ enthalten. Dieses Linksideal ist sogar ein Ideal und wird von den geordneten Mengenpartitonen der Form $(P_1, \cdots, P_l)$ K-erzeugt, für die gilt: $l \geq 2$ und für mindestens ein $2 \leq i \leq l$ gilt $P_i = \{n+1\}$. Das Ideal $K\Pi_{n+1}(n+1, \underline{n})$ liegt direkt zu dem Rechtsideal $K\Pi_n l_n$. Die Summe dieser beiden Teilstrukturen ist auch ein Ideal: es wird von den geordneten Mengenpartitionen $(P_1, \cdots, P_l)$ erzeugt, bei denen mindestens ein P_i mit der Menge $\{n+1\}$ übereinstimmt und die mindestens die Länge 2 aufweisen.◇

Folgerung 9 *Seien K ein Körper und $n \in \mathbb{N}$. Es sind äquivalent:*

(i) $n = 1$

(ii) Π_n ist einelementig.

(iii) Die assoziativen Algebren $K\Pi_n$ und K sind isomorph.

(iv) $K\Pi_n$ ist eine Divisionsalgebra.

(v) $K\Pi_n$ ist einfach.

(vi) $K\Pi_n$ ist lokal.

(vii) $K\Pi_n$ ist separabel.

(viii) $K\Pi_n$ ist halbeinfach.

(ix) $K\Pi_n$ ist kommutativ.

(x) Jede Klasse von Π_n bzgl. $\sim_{\Pi_n}$ ist einelementig.

Beweis: siehe Folgerungen 3, 4, 6 und Proposition 5.◇

Proposition 6 *Seien $n \in \mathbb{N}$ und K ein Körper.*

(i) Für alle $P, Q \in \Pi_n$ gilt $max\{n, l(P)l(Q)\} \geq l(P \wedge Q) \geq max\{l(P), l(Q)\}$.

(ii) $(1, 23) \wedge (12, 3) = (1, 2, 3)$, $(14, 23) \wedge (12, 34) = (1, 4, 2, 3)$, $(1, 2) \wedge (1, 2) = (1, 2)$ (Diese Beispiele illustrieren die Abschätzung in (i).)

(iii) Für alle $k \in \underline{n+1}$ definieren wir $I_{\geq k} := \langle \{P \in \Pi_n \mid l(P) \geq k\} \rangle_K$. Dann ist $(0 = I_{\geq n+1}, I_{\geq n}, \cdots, I_{\geq 2}, I_{\geq 1} = K\Pi_n)$ eine Idealkette in $K\Pi_n$.

(iv) Für alle $k \in \underline{n}$ gilt $dim_K(I_{\geq k}/I_{\geq k+1}) = k!S(n, k)$.

Beweis: ad(i): Seien $P := (P_1, \cdots, P_k)$ und $Q := (Q_1, \cdots, Q_l)$ zwei Elemente aus Π_n. Es gilt:

$$\begin{aligned} P \wedge Q &= (P_1 \cap Q_1, \cdots, P_1 \cap Q_l, P_2 \cap Q_1, \cdots, P_2 \cap Q_l, \\ &\quad \vdots \\ &\quad P_{k-1} \cap Q_1, \cdots, P_{k-1} \cap Q_l, P_k \cap Q_1, \cdots, P_k \cap Q_l). \end{aligned}$$

Für jedes $i \in \underline{n}$ gilt $P_i \cap (Q_1 \cup \cdots \cup Q_l) = P_i$. Also gibt es mindestens ein $j \in \underline{n}$ mit $P_i \cap Q_j \neq \emptyset$. (In jeder 'Zeile' des Produktes von P und Q gibt es mindestens einen Eintrag ungleich $\emptyset$.) Analog gibt es zu jedem $j \in \underline{n}$ mindestens ein $i \in \underline{n}$ mit $P_i \cap Q_j \neq \emptyset$. (In jeder 'Spalte' des Produktes von P und Q gibt es mindestens einen Eintrag ungleich $\emptyset$.) Daraus folgt nun leicht (i).

ad(ii): Die Gleichheiten ergeben sich durch einfaches Nachrechnen.

ad(iii): Diese Aussage folgt direkt aus (i).

ad(iv): Sei $k \in \underline{n}$. Der K-Raum $I_{\geq k}/I_{\geq k+1}$ ist zu dem K-Raum isomorph, der von den geordneten Mengenpartitionen der Länge k K-linear erzeugt wird. Dieser besitzt nach Folgerung 8 die angegebene Dimension.$\diamond$

Satz 7 *Seien $n \in \mathbb{N}$ und K ein Körper.*

(i) $\dim_K(I_{\geq n}) = n!$

(ii) $I_{\geq n} = K\Pi_n e_{(1,2,\cdots,n-1,n)} = K\Pi_n(1,2,\cdots,n-1,n)$
$(e_{(1,2,\cdots,n-1,n)} = (1,2,\cdots,n-1,n))$

(iii) Seien $P, Q \in \Pi_n$ mit $l(P) = n$. Dann gilt $P \wedge Q = P$. Insbesondere ist $I_{\geq n}$ ein Hauptideal und nur für $n = 1$ ein Hauptrechtsideal sowie $K\Pi_n$ nur für $n = 1$ uniserial.

(iv) $K\Pi_n$ besitzt für $r \geq 4$ keine zu KS_r isomorphe Teilalgebra.

(v) Die Einheitengruppe von $K\Pi_3$ besitzt für $char(K) = 3$ eine zu S_3 isomorphe Untergruppe, deren K-Raumerzeugnis nicht 6-dimensional ist.

(vi) Nur im Falle $n = 1$ und $n = 2, char(K) = 2$ sind die Algebren $I_{\geq n}$ und KS_n isomorph. Für $n = 2, char(K) \neq 2$ sind die Radikalkomplemente von $K\Pi_2$ zu KS_2 isomorph.

(vii) $I_{\geq n}$ ist als $K\Pi_n$-Rechtsmodul vollreduzibel: $I_{\geq n} = \bigoplus_{l(P)=n} \langle P \rangle_K$ ist eine Zerlegung in irreduzible $K\Pi_n$-Rechtsmoduln.

(viii) $I_{\geq n}$ *ist als $K\Pi_n$-Linksmodul unzerlegbar.*

(ix) Seien $(P_1,\cdots,P_k),(a_1,\cdots,a_n) \in \Pi_n$. *Zu jedem* $i \in \underline{k}$ *sei T_i die Teilmenge von $\underline{n}$ mit $P_i = \{a_t \mid t \in T_i\}$ und φ_{T_i} die monotone Bijektion von $\mid T_i \mid$ auf T_i bzgl. der natürlichen Ordnung $\leq$ auf $\mathbb{N}$. Dann gilt:*
$(P_1,\cdots,P_k) \wedge (a_1,\cdots,a_n) = (a_{1\varphi_{T_1}},\cdots,a_{|T_1|\varphi_{T_1}},\cdots,a_{1\varphi_{T_n}},\cdots,a_{|T_n|\varphi_{T_n}})$.
Beispiel: $(378,16,245) \wedge (3,1,8,6,4,7,5,2) = (3,8,7,1,6,4,5,2)$

(x) Das Radikal des $K\Pi_n$-Linksmoduls und der Algebra $I_{\geq n}$ stimmen überein, und $\langle e_{(1,2,\cdots,n-1,n)} \rangle_K$ ist ein Radikalkomplement der Algebra $I_{\geq n}$.

Beweis: ad(i): Diese Aussage erhalten wir aus Folgerung 8.

ad(ii): Für alle $i \in \underline{n}$ gilt per Definition $e_{(i)} = (i)$. Daraus erhalten wir ebenfalls per Definition $e_{(1,2,\cdots,n-1,n)} = (1,2,\cdots,n-1,n)$. Also ist $K\Pi_n e_{(1,2,\cdots,n-1,n)}$ in dem Ideal $I_{\geq n}$ enthalten. Es verbleibt zu zeigen, dass alle $P \in \Pi_n$ mit $l(P) = n$ in dem Linksideal $K\Pi_n e_{(1,2,\cdots,n-1,n)}$ enthalten sind. Sei $P \in \Pi_n$ mit $l(P) = n$. Dann gilt nach (iii) schon $P = P \wedge (1,2,\cdots,n-1,n)$.

ad(iii): Seien $P,Q \in \Pi_n$ mit $l(P) = n$. Dann gibt es ein $\alpha \in S_n$ mit $P = (1\alpha,\cdots,n\alpha)$. Nun ist $P \wedge Q = P$ leicht nachzuweisen. Daraus folgt, dass für jedes $a \in I_{\geq n}$ das Rechtshauptideal $aK\Pi_n$ eindimensional ist. Wegen (i) ist daher $I_{\geq n}$ für $n \geq 2$ kein Rechtshauptideal. Aus Satz 9.4.1 in [9] folgt schliesslich die Behauptung zur Uniserialität von $K\Pi_n$.

ad(iv): Nach Folgerung 1 ist jede Teilalgebra von $K\Pi_n$ über K zerfallend und auflösbar. Die Gruppenalgebra KS_r ist nach Satz 3.2.20.1 in [19] genau dann auflösbar, wenn die Ableitung von S_r eine p-Gruppe ist und $char(K) = p$ gilt. Für $r \geq 4$ ist die alternierende Gruppe A_r aber keine p-Gruppe.

ad(v): Seien $e_1 := (1,2,3)$, $e_2 := (1,3,2)$, $x := 1 + e_1$ und $y := 1 + e_1 - e_2$. Es gelten:

$$\begin{aligned}
x^2 \\
&= (1+e_1)^2 \\
&= 1 + 2e_1 + (e_1)^2 \\
&= 1 + 3e_1 \\
&= 1, (\textit{also ist } x \textit{ eine Involution})
\end{aligned}$$

$$\begin{aligned}
y^2 \\
&= (1+e_1-e_2)^2 \\
&= 1 + e_1 - e_2 + e_1 - e_1 - e_2 - e_2 + e_2 \\
&= 1 + 2e_1 - 2e_2
\end{aligned}$$

$$= 1 + e_2 - e_1,$$

$$y^3$$
$$= (1 + e_1 - e_2)(1 + e_2 - e_1)$$
$$= 1 + e_2 - e_1 + e_1 + e_1 - e_1 - e_2 - e_2 + e_2$$
$$= 1 \,(also\ ist\ x\,ein\ Element\ der\ Ordnung\ 3)\ und$$

$$xyx$$
$$= (1 + e_1)(1 + e_1 - e_2)(1 + e_1)$$
$$= (1 + e_1 - e_2 + e_1 + e_1 - e_1)(1 + e_1)$$
$$= (1 - e_1 - e_2)(1 + e_1)$$
$$= (1 + e_1 - e_1 - e_1 - e_2 - e_2)$$
$$= 1 + e_2 - e_1$$
$$= y^2$$
$$= y^{-1} \,(also\ wirkt\ x\ invertierend\ per\ Konjugation\ auf\ y).$$

Das Gruppenerzeugnis $\langle y, x \rangle_{E(K\Pi_n)}$ ist also eine Diedergruppe der Ordnung 6 und damit zu S_3 isomorph. Es gilt $1 + y + y^2 = 1 + 1 + e_1 - e_2 + 1 + e_2 - e_1 = 3 = 0$, woraus die Behauptung folgt.

ad(vi): Die unitären eindimensionalen K-Algebren KS_1 und $I_{\geq 1} = K\Pi_1$ sind zu K isomorph.
Nach Satz 1 ist das Ideal $I_{\geq 2}$ in $K\Pi_2$ eine lokale Algebra mit eindimensionalen Radikal. Die Radikalkomplemente von $K\Pi_2$ sind nach Satz 2 und Beispiel 1 zu $K \times K$ isomorph. Die Gruppenalgebra KS_2 ist für $char(K) \neq 2$ halbeinfach und zu $K \times K$ isomorph, im anderen Fall besitzt sie wegen des Satzes von Heinrich Maschke[1] ein eindimensionales Radikal. Nach [12], Ka-

---

[1]Heinrich Maschke (geboren am 24. Oktober 1853 in Breslau; gestorben am 1. März 1908 in Chicago) war ein deutscher Mathematiker. 1886/87 ließ er sich beurlauben und ging wieder nach Göttingen. Bei Prof. Felix Klein traf er auf seinen Berliner Kommilitonen Oskar Bolza, mit dem ihn später eine enge Freundschaft verband. 1882 wurde die Universität von Chicago gegründet. Bolza gehörte zu den ersten Dozenten und er sorgte dafür, dass auch Maschke nach Chicago kam. Zusammen mit dem Leiter der mathematischen Fakultät, Eliakim Moore, setzten sie sich intensiv für eine auf Forschung ausgerichtete mathematische Ausbildungsstätte ein. Maschke wurde 1896 associate professor und 1907 full professor. Er korrespondierte weiter mit Klein in Göttingen. Maschke veröffentlichte 1896 seine Arbeit "Über den arithmetischen Charakter der Koeffizienten der Substitutionen endlicher linearer Substitutionsgruppen". 1897 erschienen weitere Forschungsergebnisse: Beweis des Satzes, dass diejenigen endlichen linearen Substitutionesgruppen, in welchen einige durchgehends verschwindende Coefficienten auftreten, intransitiv sind. Maschkes zweites Arbeitsfeld war die Differentialgeometrie. Neben Moore war es auch Maschkes Erfolg, dass der hervorragende Ruf der mathematischen Fakultät der Universität Chica-

pitel 1 gibt es drei Isomorphietypen zweidimensionaler assoziativer unitärer K-Algebren: $K \times K$, eine Körpererweiterung von K oder die Algebra besitzt ein eindimensionales Radikal. Daraus ergibt sich die Aussage für $n = 2$.
Nach Satz 1 ist das Ideal $I_{\geq 3}$ in $K\Pi_3$ eine lokale Algebra. Die Gruppenalgebra KS_3 ist es aber nicht, da die S_3 keine p-Gruppe ist (siehe Satz 1.1.21 in [20]). Daraus folgt die Aussage für $n = 3$.
Für $n \geq 4$ folgt die Behauptung aus Teil (iv).

ad(vii): Aus (iii) folgt, dass für jedes $P \in \Pi_n$ das eindimensionale Erzeugnis $\langle P \rangle_K$ ein $K\Pi_n$-Rechts-Teilmodul (Rechtshauptideal) von $I_{\geq n}$ und daher irreduzibel ist. $I_{\geq n}$ ist also direkte Summe der irreduziblen, eindimensionalen Teilmoduln $\langle P \rangle_K$, wobei $l(P) = n$ gilt.

ad(viii) und (x): Nach Theorem 5.4 in [16] und (i) ist $I_{\geq n} = K\Pi_n e_{(1,2,\cdots,n-1,n)}$ ein unzerlegbarer $K\Pi_n$-Linksmodul mit Modul-Radikal
$\langle e_{(1,2,\cdots,n-1,n)} - e_Q \mid Q \sim_{\Pi_n} (1,2,\cdots,n-1,n) \rangle_K$ der Kodimension 1. Nach Seite 21, oben, in [16] gilt $e_P \wedge e_Q = e_P$ für alle $P \sim_{\Pi_n} Q$. Daher wird das Modulradikal von nilpotenten Elementen der Klasse zwei erzeugt. Da $K\Pi_n$ nach Folgerung 1 auflösbar ist, liegt das Modulradikal nach Proposition 5 in [21] im Radikal der Algebra $I_{\geq n}$. Da $I_{\geq n}$ nicht nilpotent ist, folgt aus Dimensionsgründen schon die Gleichheit, und das eindimensionale Erzeugnis des Idempotents $e_{(1,2,\cdots,n-1,n)}$ ist ein Radikalkomplement.

ad(ix): Dies kann durch einfaches Nachrechnen bestätigt werden.⋄

Definitionen 6 Seien A eine K-Algebra und T eine Teilmenge von A. Wir definieren $Ann_r(T) := \{a \in A \mid aT = \{0\}\}$ und $Ann_l(T) := \{a \in A \mid Ta = \{0\}\}$, und wir nennen $Ann_r(T)$ bzw. $Ann_l(T)$ den Rechts- bzw. Linksannulator von T in A.⋄

Proposition 7 Seien K ein Körper und $n \in \mathbb{N}$. Dann ist $K\Pi_n$ nur für $n = 1$ eine (Quasi-)Frobeniusalgebra.

Beweis: Nach Folgerung 1 ist K ein Zerfällungskörper für $K\Pi_n$. Aus Satz 9.3.2 in [9] erhalten wir, dass die Eigenschaften Quasi-Frobeniusalgebra und

---

go immer weiter gefestigt wurde. Durch Kleins Vermittlung erschien in Mathematische Annalen ein wichtiger Beitrag auch in Deutschland. Seine Arbeiten und Forschungsergebnisse wurden unter anderem in Transactions of the American Mathematical Society veröffentlicht. Nachdem Maschke von 1902 bis 1905 Council der American Mathematical Society war, wurde er 1907 deren Vizepräsident. Moore erkannte zunehmend, dass die Arbeitsweise von Klein in Göttingen über Bolza und Maschke auch großen Einfluss auf seine Arbeit in Chicago hatte. Er schrieb an Klein im Jahre 1904: "Certainly in the domain of mathematics German scholars in general and yourself in particular have played, by way of example and counsel and direct and indirect inspiration, quite a leading role in the development of creative mathematicians in this country ...". Nach ihm ist der Satz von Maschke benannt.

Frobeniusalgebra für $K\Pi_n$ zusammenfallen. Per Definition ist $K\Pi_n$ eine Quasi-Frobeniusalgebra, wenn für jedes Rechtsideal R und für jedes Linksideal L die Beziehungen $Ann_l(Ann_r(L)) = L$ und $Ann_r(Ann_l(R)) = R$ gelten. Für $n = 1$ ist $K\Pi_n$ zur Algebra K isomorph, und diese ist offenbar eine Frobenius[2]-Algebra. Sei also $n \geq 2$. Wir betrachten das Rechtsideal $R := e_{(\underline{n})} K\Pi_n e_{(1,2,\cdots,n-1,n)}$ (zur Idealeigenschaft vgl. Korollar 7.4 in [16]). Nach Seite 20 in [16] gelten für alle $P \in \Pi_n$ die Gleichungen $P \wedge e_{(\underline{n})} = 0$ (falls $(\underline{n})$ nicht kleiner als P ist) und $P \wedge e_{(\underline{n})} = e_{P \wedge (\underline{n})}$ (falls $(\underline{n})$ kleiner als P ist). Da $(\underline{n})$ neutral in Π_n ist, ist es das einzige Element aus Π_n, das kleiner als $(\underline{n})$ ist. Daher gilt $Ann_l(R) = \langle P \in \Pi_n \mid l(P) \geq 2 \rangle_K (= I_{\geq 2})$ und $e_{(\underline{n})} \in Ann_r(Ann_l(R))$. Nach Korollar 7.4 in [16] ist R im Radikal von $K\Pi_n$ enthalten. Das Element $e_{(\underline{n})}$ ist aber ein von Null verschiedenes Idempotent von $K\Pi_n$.◇

Proposition 8 *Seien K ein Körper und $n \in \mathbb{N}$.*

(i) Es gibt ein von $K\Pi_n$ und dem Nullraum verschiedenes Ideal, das gleichzeitig Hauptlinks-, Hauptrechts- und Hauptideal von $K\Pi_n$ ist.

(ii) Es gibt ein Ideal von $K\Pi_n$, das gleichzeitig Hauptlinks- und Hauptideal, aber für $n \geq 2$ kein Hauptrechtsideal von $K\Pi_n$ ist.

(iii) Jedes Hauptlinks- und Hauptrechtsideal einer unitären assoziativen K-Algebra ist ein Hauptideal.

(iv) Es gibt ein Ideal von $K\Pi_n$, das gleichzeitig Hauptrechts- und Hauptideal, aber für $n \geq 2$ kein Hauptlinksideal von $K\Pi_n$ ist.

(v) Es gibt ein Linksideal von $K\Pi_n$, das Hauptlinkssideal, aber kein Hauptrechts- und kein Hauptideal von $K\Pi_n$ ist.

---

[2]Ferdinand Georg Frobenius (geboren am 26. Oktober 1849 in Berlin; gestorben am 3. August 1917 in Charlottenburg, heute ein Ortsteil von Berlin) war ein deutscher Mathematiker. Georg Frobenius studierte 1867 zunächst ein Semester an der Georg-August-Universität Göttingen, dann an der Friedrich-Wilhelms-Universität Berlin und promovierte dort 1870 bei Karl Weierstraß und Ernst Eduard Kummer. Zunächst unterrichtete er am Berliner Sophiengymnasium. 1874 wurde er, ohne je habilitiert zu haben, an der Universität Berlin zum außerordentlichen Professor ernannt. Bereits ein Jahr später folgte er einem Ruf an das Eidgenössische Polytechnikum Zürich. 1892 kehrte er als Nachfolger des verstorbenen Leopold Kronecker an die Universität Berlin zurück. Dort setzte er hohe Maßstäbe für Prüfungen durch. Zusammen mit Leopold Kronecker, Lazarus Immanuel Fuchs und Hermann Amandus Schwarz gehörte er zum engeren Kreis berühmter Berliner Mathematiker seiner Zeit. Er war zudem Mitglied der Preußischen Akademie der Wissenschaften. Frobenius beschäftigte sich hauptsächlich mit der Theorie der Gruppen und ihrer Darstellungstheorie. Verschiedene mathematische Begriffe sind nach ihm benannt, darunter: Frobeniushomomorphismus in der kommutativen Algebra, Frobeniusmannigfaltigkeiten, Frobeniusmatrix, Frobenius-Problem, Frobeniusnorm, Frobeniusgruppe, Frobeniusnormalform für Endomorphismen endlich-dimensionaler Vektorräume und Frobenius-Algebra.

(vi) Es gibt ein Rechtsideal von $K\Pi_n$, das Hauptrechtsideal, aber für $n \geq 2$ kein Hauptlinks- und kein Hauptideal von $K\Pi_n$ ist.

(vii) Es gibt ein Ideal von $K\Pi_n$, das für $n \geq 3$ kein Hauptrechts-, kein Hauptlinks- und kein Hauptideal von $K\Pi_n$ ist.

(viii) Seien B eine Basis von $K\Pi_n$ und $a \in K\Pi_n$. Dann gibt es im Allgemeinen kein $b \in B$ mit $aK\Pi_n = bK\Pi_n$.

(ix) Seien B eine Basis von $K\Pi_n$ und $a \in K\Pi_n$. Dann gibt es im Allgemeinen kein $b \in B$ mit $K\Pi_n a = K\Pi_n b$.

(x) Seien B eine Basis von $K\Pi_n$ und $a \in K\Pi_n$. Dann gibt es im Allgemeinen kein $b \in B$ mit $K\Pi_n a K\Pi_n = K\Pi_n b K\Pi_n$.

Beweis: ad(i)+(vii): Nach Korollar 4.6 in [16] ist $e_{(n_i)} K\Pi_n e_{(1,2,\cdots,n-1,n)}$ ein $(n-1)!$-dimensionales Ideal von $K\Pi_n$. Wegen der Teile (ii)+(iii) von Satz 7 ist $e_{(1,2,\cdots,n-1,n)} K\Pi_n = (1, 2, \cdots, n-1, n) K\Pi_n$ eindimensional und wird daher von dem Idempotent $(1, 2, \cdots, n-1, n)$ K-erzeugt. Das Linksideal $K\Pi_n e_{(n_i)}$ ist zudem nach Seite 22 in [16] von der Dimension eins, wird also von dem Idempotent $e_{(n_i)}$ K-erzeugt. Seien nun $a \in K\Pi_n$ und $A := K\Pi_n$ mit $x := e_{(n_i)} a (1, 2, \cdots, n-1, n)$. Dann gelten $AxA = xA = Ax = \langle x \rangle_K$. Daraus folgen (i) und (vii) unmittelbar.

ad(ii): Dies folgt direkt aus Teil (iii) von Satz 7 mit dem Ideal $I_{\geq n}$.

ad(iii): Sei A eine assoziative unitäre K-Algebra, seien $a, b \in A$ und $I := Aa = bA$. Dann gelten $I = Aa \subseteq AaA \subseteq (bA)A \subseteq I$ und $bA \subseteq A(bA) \subseteq I$.

ad(iv): Sei $I := e_{(n_i)} K\Pi_n$. Nach Seite 22 in [16] ist das Linksideal $K\Pi_n e_{(n_i)}$ eindimensional, stimmt also mit dem K-Erzeugnis des Idempotents $e_{(n_i)}$ überein. Daraus erhalten wir leicht $I = K\Pi_n e_{(n_i)} K\Pi_n$. Dieses Ideal ist nach Korollar 4.6 in [16] von der Dimension $2 \cdot |\Pi_{n-1}| \geq 2$. Dies zeigt (iv).

ad(v): Sei $L := K\Pi_n e_{(n_i)}$. Nach Seite 22 in [16] ist L ein eindimensionales Linksideal, stimmt also mit dem K-Erzegnis des Idempotents $e_{(n_i)}$ überein. Insbesondere gilt also $K\Pi_n e_{(n_i)} K\Pi_n = K\Pi_n e_{(n_i)}$. Dieses Ideal ist nach Korollar 4.6 in [16] von der Dimension $2 \cdot |\Pi_{n-1}| \geq 2$.

ad(vi): Sei $R := (1, \cdots, n-1, n) K\Pi_n$. Nach Teil (iii) von Satz 7 gilt $R = \langle (1, \cdots, n-1, n) \rangle_K$. Daraus erhalten wir $K\Pi_n (1, \cdots, n-1, n) K\Pi_n =$
$= K\Pi_n (1, \cdots, n-1, n)$. Dieses Ideal ist nach Teil (ii) von Satz 7 von der Dimension $n! \geq 2$.

ad(viii)-(x): Seien $n = 2$, $A := K\Pi_2$, $char(K) = 2$ und $B := \Pi_n$. Wir

berechnen alle Hauptrechts-, Hauptlinks- und Hauptideale bzgl. der Basis B:
Hauptideale: $A(12)A = A, A(1,2)A = A(2,1)A = \langle(1,2),(2,1)\rangle$
Hauptrechtsideale: $(12)A = A, (1,2)A = \langle(1,2)\rangle_K, (2,1)A = \langle(2,1)\rangle_K$
Hauptlinksideale: $A(12) = A, A(1,2) = A(2,1) = \langle(1,2),(2,1)\rangle_K$.
Es gelten weiter:
$((1,2) + (2,1))A = \langle(1,2) + (2,1)\rangle_K$,
$A((1,2) + (2,1)) = \langle(1,2) + (2,1), 2(1,2), 2(2,1)\rangle_K = \langle(1,2) + (2,1)\rangle_K$ und
$A((1,2) + (2,1))A = \langle(1,2) + (2,1)\rangle_K A = \langle(1,2) + (2,1)\rangle_K$.
Daraus folgen nun leicht die Aussagen (ix) bis (xi).⋄

Bemerkung 12 Seien A eine assoziative unitäre K-Algebra und $a, b \in A$. Es gelte $I := aA = Ab$. Dann gilt nach Proposition 8 schon $aA = AaA = Ab = AbA$. Das Ideal I ist also ein Hauptrechts-, Hauptlinks- und Hauptideal. Eine interessante Frage ist die, ob es einen simultanen Erzeuger für I gibt: existiert ein $s \in A$ mit $I = sA = As = AsA$? Diese Frage gehen wir in dem nächsten Kapitel nach, welches als ein kleiner Exkurs angesehen werden kann.⋄

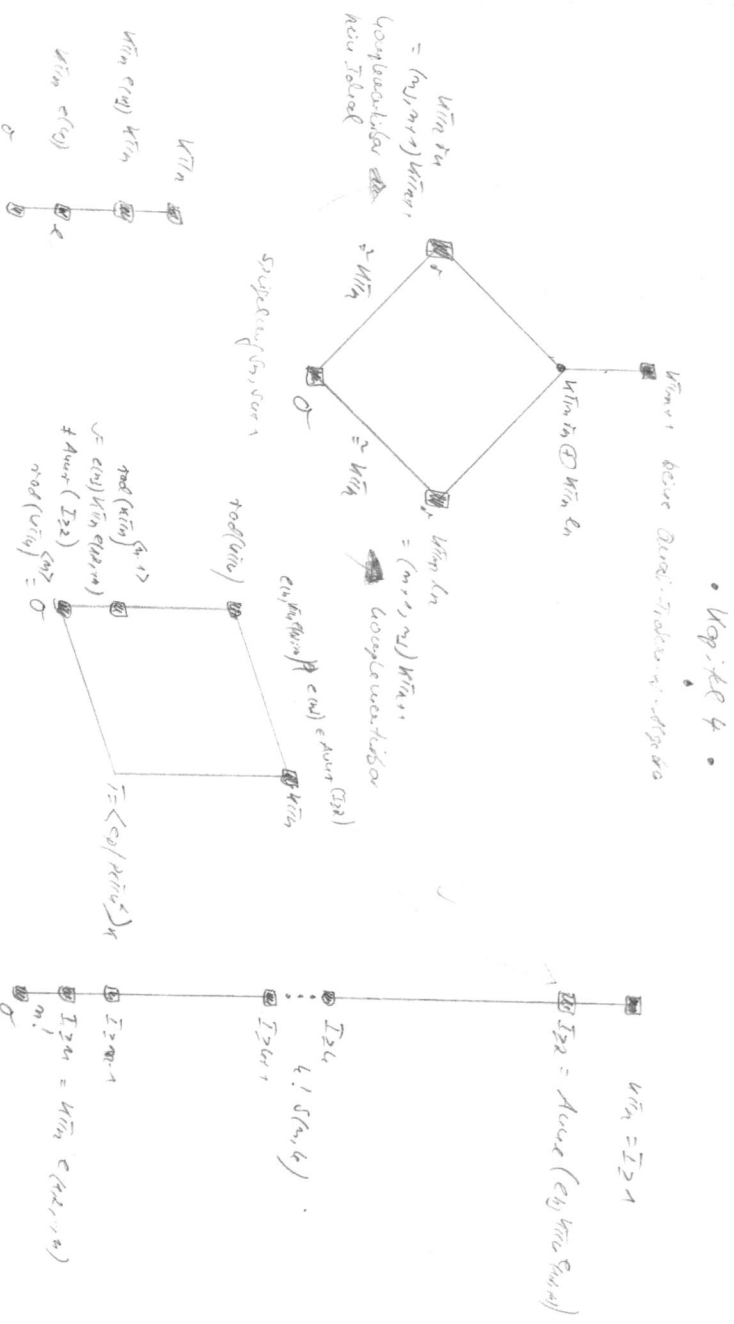

4.3 Offene Fragen

- Seien K ein Körper und $n \in \mathbb{N}$. Ist die Spiegelung s_n ein innerer oder äusserer Automorphismus von $K\Pi_n$?

- Seien K ein Körper und $n \in \mathbb{N}$. Man beschreibe alle Einbettungen von $K\Pi_n$ in $K\Pi_{n+1}$!

- Seien K ein Körper und $n \in \mathbb{N}$. Für welche $a \in K\Pi_n$ ist $K\Pi_n \cdot a$ bzw. $a \cdot K\Pi_n$ kein Rechts- bzw. kein Linksideal?

- Seien K ein Körper und $n \in \mathbb{N}$. Man beschreibe den Hauptideal-, den Hauptrechtsideal- und den Hauptlinksidealverband von $K\Pi_n$!

- Seien K ein Körper und $n \in \mathbb{N}$. Man berechne die Dimension und eine Basis der Hauptideale, der Hauptrechts- und Hauptlinksideale von $K\Pi_n$!

- Seien K ein Körper und $n \in \mathbb{N}$. Man beschreibe die Rechts- und Linksannulatorreihen des Radikals von $K\Pi_n$ in $K\Pi_n$ bzw. im Radikal selbst!

- Seien K ein Körper und $n \in \mathbb{N}$. Gibt es eine Teilalgebra von $K\Pi_n$, die zu KS_3 isomorph ist?

- Seien K ein Körper und $n \in \mathbb{N}$. Man beschreibe den Ideal-, den Rechtsideal- und den Linksidealverband von $K\Pi_n$!

- Seien K ein Körper und $n \in \mathbb{N}$. Für welche $a \in K\Pi_n$ ist $K\Pi_n \cdot a$ bzw. $a \cdot K\Pi_n$ ein Rechts- bzw. ein Linksideal (und damit identisch mit dem Hauptideal erzeugt von a)?

4.4 Übungsaufgaben

Übungsaufgabe 44 *Für $n = 1, 2, 3$ kläre man, ob es ein Hauptideal in $K\Pi_n$ gibt, das weder Hauptlinks- noch Hauptrechtsideal ist. Was gilt für allgemeines n?*

Übungsaufgabe 45 *Man berechne für alle $P \in \Pi_3$ das Element Ps_3! Für welche $P \in \Pi_3$ gilt $Ps_3 = P$?*

Übungsaufgabe 46 *Sein $n \in \mathbb{N}$. Es gelten $1_{\Pi_n} r_n = (\underline{n}) r_n = 1_{\Pi_n r_n} = (\underline{n}, n+1) \neq (\underline{n+1}) = 1_{\Pi_{n+1}}$ und $1_{\Pi_n} l_n = (\underline{n}) l_n = 1_{\Pi_n l_n} = (n+1, \underline{n}) \neq (\underline{n+1}) = 1_{\Pi_{n+1}}$.*

Übungsaufgabe 47 *Was ist die Determinante von s_3 bzgl. der Basen Π_3 und $\{e_Q \mid Q \in \Pi_3\}$! Was gilt für allgemeines n?*

Übungsaufgabe 48 *Seien $n \in \mathbb{N}$ und K ein Körper. Ist $I_{\geq n}$ ein Rechtsideal, ein Linksideal, ein Ideal?*

Übungsaufgabe 49 *Sei K ein Körper. Bezgl. der Basen Π_2, $\{e_P \mid P \in \Pi_2\}$ und Π_3, $\{e_P \mid P \in \Pi_3\}$ bestimme man die darstellenden Matrizen bzgl. der linearen Abbildungen r_2, l_2 und s_2. Was gilt für allgemeines n?*

Übungsaufgabe 50 *Für alle $P \in \Pi_3$ berechne man Pl_3 und Pr_3. Welcher Zusammenhang besteht zwischen l_3 und r_3 vermöge der Spiegelungsabbildungen s_2, s_3 und s_4?*

Übungsaufgabe 51 *Seien K ein Körper, $n \in \mathbb{N}$ und U, V zwei Elemente aus $\{K\Pi_n s_n, K\Pi_n r_n, K\Pi_n l_n\}$ mit $U \neq V$. Man berechne die Dimensionen von U, V, $U \cap V$ und $U + V$! Wann ist die Summe $U + V$ direkt?*

Übungsaufgabe 52 *Sei K ein Körper. Wann ist $K\Pi_4$ lokal, wann einfach, wann eine Divisionsalgebra?*

Übungsaufgabe 53 *Sei K ein Körper. Wann ist $K\Pi_3$ halbeinfach, wann kommutativ, wann separabel?*

Übungsaufgabe 54 *Seinen K ein Körper und $n \in \mathbb{N}$. Man bestimme ein Linksideal (Rechtsideal) von $K\Pi_n$, das kein Rechtsideal (Linksideal) ist. Welche Dimensionen haben diese einseitigen Ideale?*

Übungsaufgabe 55 *Ist $I_{\geq 4}$ zu einer Gruppenalgebra isomorph? Inwiefern ist hier der Bezug zu $K\Pi_n$ für einen Körper K und einer natürlichen Zahl n wichtig?*

Übungsaufgabe 56 *Sei K ein Körper. Ist $K\Pi_4$ eine Quasi-Frobenius-Algebra? Ist $K\Pi_5$ eine Frobenius-Algebra?*

Übungsaufgabe 57 *Seien $P := (1, 4, 5, 6, 2, 3)$ und $Q := (3, \{1, 6, 4\}, \{2, 3\})$. Man berechne PQ und QP! Sind PQ, QP assoziiert? Zudem berechne man PP, QQ, QPQ, PQP, $PQPQ$ und $QPQP$.*

Übungsaufgabe 58 *Seien $n, r \in \mathbb{N}$ und $P_1, \cdots, P_r \in \Pi_n$ mit $\mid \{P_1, \cdots, P_r\} \mid \leq 2$. Was ist dann $P_1 P_2 \cdots P_r$?*

Übungsaufgabe 59 *Seien K ein Körper und $n \in \mathbb{N}$. Welche Dimension hat $I_{\geq n}$? Welche Dimension hat $I_{\geq k}$ für alle $k \in \underline{n}$? Man berechne diese Dimension rekursiv aus Satz 6!*

Übungsaufgabe 60 *Man beweise Bemerkung 11!*

Übungsaufgabe 61 *Sei $n \in \mathbb{N}$. Gilt dann $l(PQ) = l(QP)$ für alle $P, Q \in \Pi_n$? Sind PQ, QP assoziiert? Gilt $PQ = QP$?*

Übungsaufgabe 62 *Man ermittle $P, Q \in \Pi_6$, so dass $max\{6, l(P)l(Q)\} \neq l(PQ) \neq max\{l(P), l(Q)\}$ gilt! Was ist das minimale Π_n, so dass solche P, Q existieren?*

Übungsaufgabe 63 *Sei K ein Körper. Besitzt $K\Pi_3 r_3$ bzw. $K\Pi_3 l_3$ ein Rechtsidealkomplement in $K\Pi_4$? Welche Dimensionen haben die Summanden einer solchen Zerlegung?*

Übungsaufgabe 64 *Seien K ein Körper und $n \in \mathbb{N}$. Sind $K\Pi_n l_n$, $K\Pi_n r_n$ und $K\Pi_n s_n$ Ideale, Rechtsideale, Linksideale?*

Übungsaufgabe 65 *Seien K ein Körper, $n \in \mathbb{N}$ und $k, l \in \underline{n}$. K-erzeugt dann die Menge der geordneten Mengenpartitionen, wobei eine Komponente mit $\{k\}$ übereinstimmt und die mindestens die Länge l besitzen, ein Ideal, ein Rechtsideal, ein Linksideal und/oder eine Teilalgebra?*

Kapitel 5

Duo-Algebren

Dieses Kapitel behandelt exkursartig folgende Thematiken aus der Theorie der Duo-Algebren angeregt durch die Frage nach einem simultanen Erzeuger für Ideale, die gleichzeitig Hauptlinks- und Hauptrechtsideale sind, in Bemerkung 12 am Ende des letzten Kapitels:

- die positive Beantwortung der einleitenden Frage der Existenz eines simultanen Erzeugers im Rahmen von Bi-Moduln

- ausgewählte Folgerungen der Existenz eines solchen simultanen Erzeugers

- bekannte und neue Kennzeichnungen von Duo-Algebren mit Hilfe der Existenz eines simultanen Erzeugers

- eine notwendige Lie-Bedingung für Duo-Algebren und ihre Anwendung auf $K\Pi_n$ und D_n.

5.1 Ein Lemma von Tadashi Nakayama

Wir beginnen zunächst, die in Bemerkung 12 gestellte und bereits von Tadashi Nakayama[1] 1940 in [11] beantwortete Frage für endlich-dimensionale

---

[1] Tadashi Nakayama, auch Tadasi Nakayama, (geboren am 26. Juli 1912 in der Präfektur Tokio; gestorben am 5. Juni 1964 in Nagoya) war ein japanischer Mathematiker, der sich mit Algebra beschäftigte. Tadashi Nakayama machte 1935 seinen Abschluss an der Universität Tokio. Algebra scheint er im Selbststudium aus dem Buch des Emmy Noether-Schülers Kenjiro Shoda gelernt zu haben. 1935 wurde er Forscher und 1937 Assistenzprofessor an der Universität Osaka. 1937 bis 1939 war er am Institute for Advanced Study in Princeton, wo er Richard Brauer, Emil Artin, Claude Chevalley und Cecil J. Nesbitt traf. Besonders wurde er durch Brauer beeinflusst, den er zweimal in Toronto besuchte und der ihn zur Beschäftigung mit der Darstellungstheorie hinführte. 1941 wurde er an der Universität Osaka promoviert. 1942 war er Assistenzprofessor und 1944 Professor an der Universität Nagoya. 1948/49 war er an der University of Illinois, 1953 bis 1955 an der Universität Hamburg und 1955/56 nochmals am Institute for Advanced Study. Er

assoziative K-Algebren in dem Kontext von zyklischen Bi-Moduln positiv zu beantworten.

Definitionen 7 Ist V ein A-Links- und ein B-Rechtsmodul und vertauschen die Operationen von A und B auf V – also $\forall v \in V, a \in A, b \in B$: $(av)b = a(vb)$ –, so nennen wir V einen (A,B)-Bi-Modul. Ist A eine K-Algebra, so bezeichnen wir mit A^- oder auch mit A^{op} die Invers- oder auch entgegengesetzte Algebra von A. Mit $N(A)$ bezeichnen wir die Menge der Nullteiler von A. Ein Algebren-Modul heisst unital, wenn das Einselement als Identität operiert. Eine Teilalgebra einer unitären Algebra heisst unital, wenn sie das Einselement der Algebra enthält.⋄

Bemerkung 13 Sind A, B Algebren und V ein (A, B)-Bi-Modul, so ist V auch ein (B^{op}, A^{op})-Bi-Modul. Wegen $(A^{op})^{op} = A$ gilt sogar auch die Umkehrung dieser Aussage.⋄

Lemma 3 *Seien K ein Körper, A, B assoziative unitäre K-Algebren, V ein unitaler (A, B)-Bi-Modul vermöge der A-Algebren-Links-Darstellung α und der B-Algebren-Rechts-Darstellung β, $v, w \in V$, so dass $Av = wB$ gilt und Av endlich-dimensional ist. Dann gilt $Av = vB = Aw = wB$.*

Beweis: Wir zeigen zunächst $Av = vB$. Da unitale Moduln vorliegen, gilt $v \in Av = wB$. Also erhalten wir, dass vB ein Teilmodul von wB ist. Mit Hilfe des Homomorphiesatzes für Moduln ergibt sich daraus $dim(Kern(v\beta)) \geq dim(Kern(w\beta))$. Wir zeigen, dass $Kern(v\beta)$ ein Teilmodul von $Kern(w\beta)$ ist, woraus sich wie gewünscht $Av = wB = vB$ ergibt. Sei $x \in Kern(v\beta)$. Dann gilt $vx = 0$. Wegen $Av = wB$ gibt es ein $a \in A$ mit $w = av$. Nun folgt aus der Bi-Modul-Eigenschaft: $wx = (av)x = a(vx) = a \cdot 0 = 0$.
Durch Übergang zu den entgegengesetzten Algebren A^{op} und B^{op} gilt nach Voraussetzung $vA^{op} = B^{op}w$. Mit dem eben Gezeigten ergibt sich also $B^{op}w = wA^{op}$, woraus wir $wB = Aw$ erhalten.⋄

Folgerung 10 *Seien K ein Körper, A eine assoziative unitäre endlich-dimensionale K-Algebra, L, R zwei unitale K-Teilalgebren von A, $v, w \in A$, so dass $Lv = wR$ gilt. Dann gilt $Lv = vL = Rw = wR$.*

---

starb an den Folgen einer Tuberkulose-Erkrankung, die er schon vor 1937 hatte, aber damals verschwieg, um ins Ausland reisen zu können. Nakayama arbeitete über modulare Darstellungen der symmetrischen Gruppen, Galoistheorie der Ringe und Quasi-Frobenius-Ringe. Er war auch an Klassenkörpertheorie interessiert (1952 führte er dort mit Gerhard Hochschild eine Kohomologie ein.) und soll sich in den Jahren vor seinem Tod intensiv in die revolutionären Neuerungen der algebraischen Geometrie von Alexander Grothendieck und seiner Schule eingearbeitet haben, was seinen Gesundheitszustand verschlechterte. Nach ihm ist das Lemma von Nakayama in der kommutativen Algebra benannt. Mit Goro Azumaya schrieb er ein fortgeschrittenes Buch über Algebra, in dem sie auch viele ihrer Resultate darstellten. 1949 gewann er mit seinem wissenschaftlichen Kollaborator Goro Azumaya den Preis Chunichi Bunkasho der Zeitung Chunichi Shimbun. 1954 gewann er den Preis der japanischen Akademie der Wissenschaften Nippon Gakushiin-sho. Ab 1963 war er Mitglied der japanischen Akademie der Wissenschaften.

Beweis: Diese Folgerung ergibt sich direkt aus Lemma 3, da die assoziative K-Algebra A ein unitaler (L, R)-Bi-Modul bzgl. der links- und rechtsregulären unitalen Algebren-Darstellungen ist.⋄

Hieraus erhalten wir direkt:

Folgerung 11 *(Tadashi Nakayama, 1940) Seien K ein Körper, A eine assoziative unitäre endlich-dimensionale K-Algebra, $v, w \in A$, so dass $Av = wA$ gilt. Dann gilt $Av = vA = Aw = wA$.*⋄

Diese Folgerung besagt also: Ist ein Linkshauptideal (Rechtshauptideal) ein Rechtshauptideal (Linkshauptideal), so schon mit demselben Erzeuger. Tadashi Nakayama selbts schrieb in seinem Artikel [11], dass diese doch etwas erstaunliche Aussage von eigenständigem Interesse sein könnte. Diese Aussage bestätigen wir hier, indem wir einige Konsequenzen (der Leser vgl. auch die diversen Übungsaufgaben hierzu) dieser Aussage aufzeigen werden. Sie ist es auch, die uns einen Einstieg in die Theorie der Duo-Algebren vermittelt.

Folgerung 12 *Seien K ein Körper, A eine assoziative unitäre endlich-dimensionale K-Algebra und $a \in A$. Es gelten folgende Aussagen:*

(i) a ist genau dann linksinvertierbar, wenn a rechtsinvertierbar ist.

(ii) a ist genau dann ein Linksnullteiler, wenn a ein Rechtsnullteiler ist.

(iii) $A = E(A) \,\dot\cup\, N(A)$

Beweis: Da A endlich-dimensional ist, folgt aus dem Homomorphiesatz für Algebren, dass $Kern(a\rho)$ genau dann der Nullraum ist, wenn $Aa = A$ gilt. Das ist dazu äquivalent, dass es ein $b \in A$ gibt mit $ba = 1$ gilt. Wegen $Aa = A = 1 \cdot A$ ist dies nach Folgerung 11 zu $aA = A \cdot 1$ äquivalent. Das ist eine Umformulierung davon, dass a linksinvertierbar ist. Wiederum nach dem Homomorphiesatz für Algebren ist diese Aussage dazu äquivalent, dass $Kern(a\lambda)$ der Nullraum ist. Daraus folgen alle Aussagen.⋄

Hieraus erhalten wir direkt:

Folgerung 13 *Seien K ein Körper, A eine assoziative unitäre endlich-dimensionale K-Algebra und T eine unitale Teilalgebra von A. Dann gelten:*

(i) $T = E(T) \,\dot\cup\, N(T)$

(ii) $E(T) = E(A) \cap T$

(iii) $N(T) = N(A) \cap T$.⋄

Eine den nächsten Abschnitt über Duo-Algebren vorbereitende Folgerung ist:

Folgerung 14 *Seien K ein Körper und A eine assoziative unitäre endlich-dimensionale K-Algebra. Es sind äquivalent:*

(i) Jedes Rechtshauptideal ist ein Linkshauptideal.

(ii) Jedes Linkshauptideal ist ein Rechtshauptideal.

(iii) Für alle $x \in A$ gilt $Ax = xA$.

Beweis: Sei jedes Rechtshauptideal ein Linkshauptideal und $y \in A$. Dann gibt es ein $x \in A$ mit $Ax = yA$. Nach Folgerung 11 gilt dann $yA = Ay = Ax = xA$. Also ist das Linkshauptideal Ay mit dem Rechtshauptideal xA identisch.
Sei nun jedes Linkshauptideal ein Rechtshauptideal und $y \in A$. Dann gibt es $x \in A$ mit $Ax = yA$. Wiederum nach Folgerung 11 gilt dann $yA = Ay = Ax = xA$. Insbesondere gilt also $Ay = yA$.
Da aus (iii) offenbar (i) folgt, haben wir die Folgerung bewiesen.⋄

5.2 Kennzeichnungen von Duo-Algebren

Definitionen 8 Sei A eine K-Algebra. A ist eine Links-Duo-Algebra bzw. Rechts-Duo-Algebra, wenn jedes Linksideal bzw. jedes Rechtsideal ein Ideal ist. A ist eine Duo-Algebra, wenn A sowohl eine Links- als auch eine Rechts-Duo-Algebra ist.⋄

Eine einfache Überlegung zeigt:

Bemerkung 14 *Sei A eine unitäre K-Algebra. Dann gelten:*

(i) A ist genau dann eine Links-Duo-Algebra, wenn für alle $x \in A$ gilt: $xA \subseteq Ax$.

(ii) A ist genau dann eine Rechts-Duo-Algebra, wenn für alle $x \in A$ gilt: $Ax \subseteq xA$.

(iii) A ist genau dann eine Duo-Algebra, wenn für alle $x \in A$ gilt: $xA = Ax$.⋄

In [7] beweist R.C. Courter nun den folgenden Satz:

Satz 8 *(R.C. Courter, 1982) Seien K ein Körper und A eine assoziative endlich-dimensionale unitäre K-Algebra. Es sind äquivalent:*

(i) A ist eine Links-Duo-Algebra.

(ii) A ist eine Rechts-Duo-Algebra.

(iii) A ist eine Duo-Algebra.⋄

Mit den Ergebnissen des letzten Abschnittes erweitern wir nun diesen Satz und erhalten die folgenden Kennzeichnungen von Duo-Algebren:

Hauptsatz 1 *(Kennzeichnungen von Duo-Algebren) Seien K ein Körper und A eine assoziative endlich-dimensionale unitäre K-Algebra. Es sind äquivalent:*

(i) A ist eine Links-Duo-Algebra.

(ii) A ist eine Rechts-Duo-Algebra.

(iii) A ist eine Duo-Algebra.

(iv) Für alle $x \in A$ gilt: $xA \subseteq Ax$.

(v) Für alle $x \in A$ gilt: $Ax \subseteq xA$.

(vi) Für alle $x \in A$ gilt: $xA = Ax$.

(vii) Jedes Rechtshauptideal ist ein Linkshauptideal.

(viii) Jedes Linkshauptideal ist ein Rechtshauptideal.

(ix) Jedes Rechtshauptideal ist ein Ideal.

(x) Jedes Rechtshauptideal ist ein Hauptideal.

(xi) Jedes Linkshauptideal ist ein Ideal.

(xii) Jedes Linkshauptideal ist ein Hauptideal.

(xiii) Für alle $x \in A$ gilt: $xA = AxA$

(xiv) Für alle $x \in A$ gilt: $Ax = AxA$

Beweis: Die Aussagen (i)-(viii) sind wegen Satz 8, Bemerkung 14 und Folgerung 13 zueinander äquivalent.
Offensichtlich gelten die Implikationen (xiii) → (x) → (ix). Es gelte nun (ix), und es sei $x \in A$. Dann ist das Rechtsideal xA ein Ideal, enthält also das Hauptideal AxA. Da dieses stets xA umfasst, gilt also die Aussage (xiii). Damit sind die Aussagen (xiii), (x) und (ix) äquivalent. Mit einem analogen Argument ergibt sich auch, dass die Aussagen, (xiv), (xii) und (xi) äquivalent sind.
Wir zeigen nun, dass die Aussagen (xiii) und (xiv) zu den Aussagen (i)-(viii) äquivalent sind. Es gelte (xiii) bzw. (xiv), und sei $x \in A$. Dann gilt $xA = AxA$ bzw. $Ax = AxA$, also ist xA bzw. Ax ein Ideal. Insbesondere enthält xA bzw. Ax das Linksideal Ax bzw. das Rechtsideal xA, und damit ist Aussage (v) erfüllt. Es gelte nun (vi), und es sei $x \in A$. Dann gilt

$xA = Ax$, und daraus erhalten wir $AxA = xA = Ax$, da $Ax = xA$ dann ein Ideal ist und dieses Ideal stets xA und Ax enthält.◇

Als direkte Konsequenz aus den Teilen (xiii) und (xiv) dieses Hauptsatzes ergibt sich:

Folgerung 15 *Seien K ein Körper und A eine assoziative endlich-dimensionale unitäre K-Duo-Algebra. Dann gelten folgende Aussagen:*

(i) *Jedes Hauptideal ist ein Hauptrechtsideal.*

(ii) *Jedes Hauptideal ist ein Hauptlinksideal.*

(iii) *Jedes Hauptideal ist ein Hauptlinks- oder Hauptrechtsideal.*◇

Dass die Folgerung 15 Duo-Algebren nicht kennzeichnet, zeigen die folgenden zwei Beispiele.

Beispiel 3 Seien K ein Körper und A eine endlich-dimensional assoziative einfache K-Algebra. Dann besitzt A nur die trivialen Ideale A sowie den Nullraum. Insbesondere gibt es auch nur diese beiden Hauptideale in A. Es gilt $A = A1A = 1A = A1$ sowie $0 = A0A = 0A = A0$. Also ist jedes Hauptideal ein Hauptrechts- und ein Hauptlinksideal. Hingegen ist aber nicht jedes Rechtshauptideal ein Hauptideal, denn die sogenannten Zeilenräume von A sind die minimalen Rechtsideale von A, welche sämtlich Hauptrechtsideale von A (nämlich von einem Idempotent A-erzeugt) sind. Analoges gilt für die Spaltenräume in Bezug auf Linksideale.◇

Beispiel 4 Sei K ein Körper mit genau zwei Elementen. Dann gelten folgende Aussagen:

(i) $K\Pi_2$ besitzt genau 8 Elemente.

(ii) $K\Pi_2$ ist keine Duo-Algebra.

(iii) Jedes Hauptideal von $K\Pi_2$ ist entweder Hauptlinks- oder Hauptrechtsideal.

Der Beweis dieser Aussagen verbleibt als Übungsaufgabe 71.◇

Bemerkung 15 Sei A eine assoziative K-Algebra. Die Hauptideale AxA von A sind die zyklischen Teilmoduln von A als $A \otimes A^{op}$-Linksmodul. Man könnte auf die Idee kommen, das Bi-Modul-Lemma 3 anzuwenden, und zwar auf die Aussage $AxA = yA$. Hier operiert $A \otimes A^{op}$ von links und A von rechts auf dem Modul A. Leider ist im Allgemeinen A aber kein Bi-Modul bzgl. dieser Operationen, was ja auch das Beispiel 4 indirekt bestätigt. Ansonsten wäre ja nach dem Bi-Modul-Lemma die Folgerung 15 sogar eine Kennzeichnung von Duo-Algebren. Man überlege sich, dass diese Operationen genau dann einen Bi-Modul definieren, wenn A kommutativ ist.◇

5.3 Eine notwendige Lie-Bedingung

Wir leiten in diesem Abschnitt eine notwendige Bedingung für Duo-Algebren her, die Lie-theoretischer Natur ist. Leider erweist sie sich nicht als äquivalent zu dem Begriff der Duo-Algebra, was durch ein Beispiel illustriert wird.

Lemma 4 *Seien K ein Körper und A eine endlich-dimensionale assoziative unitäre auflösbare über K-zerfallende K-Algebra. Ist A eine Duo-Algbera, so ist $A°$ eine nilpotente K-Algebra.*

Beweis: Da nach einem Satz von Salvatore Siciliano (siehe [17]) die Cartan-Teilalgebren von $A°$ genau die Zentralisatoren der maximalen Tori sind, ist A genau dann Lie-nilpotent, wenn jeder maximaler Tori zentral ist. Da jedes separable Element in einem Tori enthalten ist, ist A genau dann Lie-nilpotent, wenn jedes separable Element zentral ist. In [7] beweist R.C. Courter, dass jedes Idempotent von der Duo-Algebra A zentral ist. Sei nun s ein separables Element von A. Dann liegt s nach [19] in einem Radikalkomplement von A. Es genügt also zu zeigen, dass die Radikalkomplemente zentral sind. Diese sind aber von Idempotenten erzeugt, das sie zu K^n für ein n isomorph sind. Da die Idempotente zentral sind, folgt die Behauptung.◇

Beispiel 5 Sei K ein Körper. Wir betrachten zunächst die Algebra A der strikt unteren Dreiecksmatrizen über einen Körper K im Falle $n = 3$. Sei a die Matrix, die nur aus Nullen besteht, bis auf die Koordinate $a_{2,1} = 1$. Dann gilt $aA = 0$, und Aa ist eindimensional (diese Matrizen haben nur die $a_{3,1}$-Koordinate ungleich Null). Damit ist die nilpotente 3-dimensionale assoziative K-Algebra A keine Duo-Algebra.
Man betrachte nun (K, A) - die Adjunktion einer Eins von A (siehe z.B. [19]). Hier ist nach dem eben Gezeigten $(0, a)(K, A) \neq (K, A)(0, a)$. In der vierdimensionalen K-Algebra (K, A) ist das Radikalkomplement eindimesional und damit zentral. Folglich ist (K, A) Lie-nilpotent, aber keine Duo-Algebra.◇

Folgerung 16 *Seien K ein Körper und A eine endlich-dimensionale assoziative unitäre auflösbare zerfallende K-Algebra mit einem selbstzentralen Radikalkomplement. Ist A eine Duo-Algebra, so ist A halbeinfach.*

Beweis: Nach Lemma 4 ist das selbstzentral Radikalkomplement zusätzlich zentral, und somit stimmt es mit der ganzen Algebra überein.◇

Wir geben zumindest ein Beispiel für eine Duo-Algebra an:

Beispiel 6 Seien K ein Körper und N eine Zero-Algebra. Eine Zero-Algebra kann z.B. jeder K-Vektorraumsein, den man mit einer Zero-Multiplikation ausstattet. Ein weiteres Beispiel sind die strikt unteren Dreiecksmatrizen von $K^{2\times 2}$. Wir bilden die Adjunktion einer Eins $(K; N)$ von N. Zero-Algebren sind spezielle kommutative Algebren, und diese sind offensichtlich

Duo-Algebren.
Nach [19] ist dann die Radikalfaktorstruktur von $(K; N)$ wegen der Nilpotenz von N zu K isomorph. Das Radikal der Adjunktion ist zudem genau N. Insbesondere ist $K \cdot 1$ ein zentrales Radikalkomplement von $(K; N)$. Für derartiges Algebren A – mit Zero-Radikal N und zentralem Radikalkomplement T – sehen wir ein, dass eine Duo-Algebra vorliegt. Der Grund ist: sie sind kommutativ, denn das Radikal zentralisiert sich selbst (wegen der Zero-Eigenschaft), und es zentralisiert auch T (da T zentral ist). Damit zentralisert es die ganze Algebra $A = N \oplus T$. Da auch T zentral ist, ist somit ganz A im Zentrum von A, d.h. A ist kommutativ. Ein Beispiel für eine nichtkommutative endlich-dimensionale assoziative unitäre Duo-Algebra ist dem Autor nicht bekannt.⋄

5.4 Duo-Eigenschaft von $K\Pi_n$ und D_n

Folgerung 17 *Seien K ein Körper und $n \in \mathbb{N}$. Genau dann ist $K\Pi_n$ eine Duo-Algebra, wenn $n = 1$ gilt.*

Beweis: Ist $n = 1$, so ist $K\Pi_n$ kommutativ und damit eine Duo-Algebra. Nach Satz 9 ist jedes Radikalkomplement von $K\Pi_n$ selbstzentral. Ist nun $K\Pi_n$ eine Duo-Algebra, so ist $K\Pi_n$ nach Folgerung 16 halbeinfach. Dies ist nach Satz 1 nur für $n = 1$ möglich.⋄

Folgerung 18 *Seien K ein Körper mit $char(K) = 0$ und $n \in \mathbb{N}$. Genau dann ist D_n eine Duo-Algebra, wenn $n \leq 2$ gilt.*

Beweis: Ist $n \leq 2$, so ist D_n kommutativ und damit eine Duo-Algebra. Nach einem Satz von Thorsten Bauer (siehe [3]) ist jedes Radikalkomplement von D_n selbstzentral. Ist nun D_n eine Duo-Algebra, so ist D_n nach Folgerung 16 halbeinfach. M. D. Atkinson beweist in [2], dass das Radikal von D_n die Nilpotenzklasse $n - 1$ besitzt. Also muss $n \leq 2$ gelten.⋄

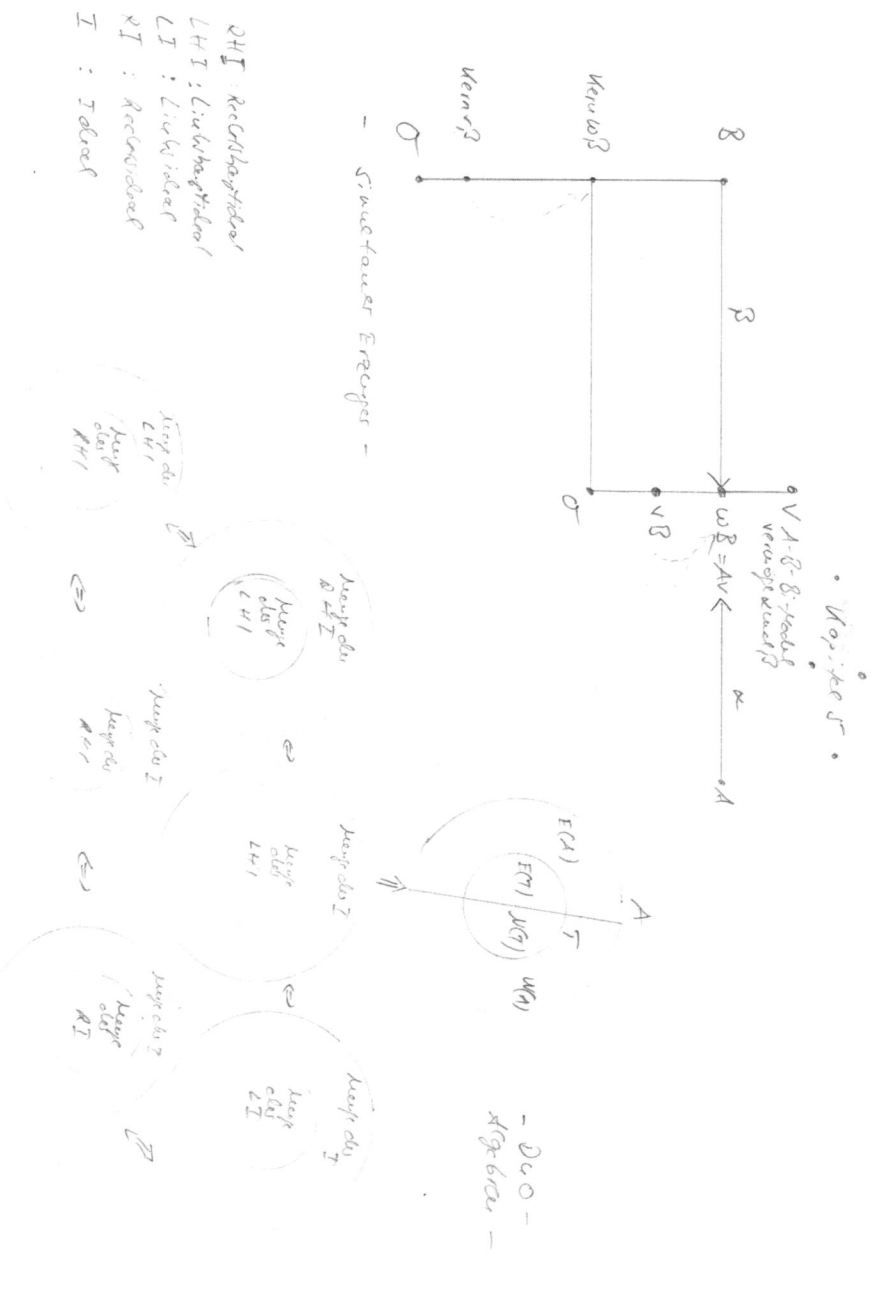

5.5 Offene Fragen

- Man beschreibe die Struktur der endlich-dimensionalen assoziativen unitären K-Duo-Algebren! Gibt es innerhalb dieser Algebren gewisse Klassen von Algebren?

- Man beschreibe die Struktur der assoziativen endlich-dimensional unitären K-Algebren aus Folgerung 15!

- Welche Lie-nilpotenten endlich-dimensionalen assoziativen unitären K-Algebren sind Duo-Algebren?

- Man gebe Beispiele von nicht-kommutativen Duo-Algebren an!

- Sei A eine assoziative unitäre Algebra. Wie kann man die Elemente $a \in A$ bestimmen, für die $aA = Aa$ gilt? Haben sie eine strukturelle Bedeutung?

5.6 Übungsaufgaben

Übungsaufgabe 66 *Man beweise die Folgerung 11 direkt mit der Schlussweise aus Lemma 3 unter Verwendung der links- und rechtsregulären Darstellung einer endlich-dimensionalen assoziativen unitären K-Algebra!*

Übungsaufgabe 67 *Seien K ein Körper, A eine assoziative unitäre endlich-dimensionale K-Algebra, T eine unitale K-Teilalgebra von A, $v, w \in A$, so dass $Av = wT$ gilt. Dann gilt $Av = vT = Aw = wT$.*

Übungsaufgabe 68 *Seien K ein Körper, A eine assoziative unitäre endlich-dimensionale K-Algebra, T eine unitale K-Teilalgebra von A, $v, w \in A$, so dass $Tv = wA$ gilt. Dann gilt $Tv = vA = Tw = wA$.*

Übungsaufgabe 69 *Seien K ein Körper, A eine assoziative unitäre endlich-dimensionale K-Algebra und $a \in \mathbb{N}$, so dass $Aa = 0$ gilt. Dann gilt $aA = 0$.*

Übungsaufgabe 70 *Seien K ein Körper, $n \in \mathbb{N}$ und A, B Elemente von $K^{n \times n}$, so dass $A \cdot B$ die Einheitsmatrix ist. Man zeige, dass A und B zueinander inverse Matrizen sind.*[2]

Übungsaufgabe 71 *Sei K ein Körper mit genau zwei Elementen. Dann gelten folgende Aussagen:*

(i) $K\Pi_2$ besitzt genau 8 Elemente.

(ii) $K\Pi_2$ ist keine Duo-Algebra.

---

[2] Mit $M^{n \times m}$ bezeichnen wir die Menge der $n \times m$-Matrizen über einer Menge M.

(iii) Jedes Hauptideal von $K\Pi_2$ ist entweder Hauptlinks- oder Hauptrechtsideal.

Übungsaufgabe 72 *Man zeige folgende Aussagen:*

(i) *Ist eine Diagonalmatrix invertierbar in $K^{n\times n}$, so ist ihr Inverses auch eine Diagonalmatrix.*

(ii) *Ist eine obere Dreiecksmatrix invertierbar in $K^{n\times n}$, so ist ihr Inverses auch eine obere Dreiecksmatrix.*

(iii) *Ist eine untere Dreiecksmatrix invertierbar in $K^{n\times n}$, so ist ihr Inverses auch eine untere Dreiecksmatrix.*

(iv) *Ist A eine strikt untere Dreiecksmatrix, so ist $1 + A$ invertierbar in $K^{n\times n}$, und es gibt eine strikt untere Dreiecksmatrix B, so dass $1 + B$ das Inverse von $1 + A$ ist.*

(v) *Ist A eine strikt obere Dreiecksmatrix, so ist $1 + A$ invertierbar in $K^{n\times n}$, und es gibt eine strikt obere Dreiecksmatrix B, so dass $1 + B$ das Inverse von $1 + A$ ist.*

Übungsaufgabe 73 *Sei A eine unitäre assoziative K-Algebra. Sind folgende Aussagen wahr oder falsch:*

(i) *Ein Linksnullteiler ist keine Rechtseinheit und umgekehrt.*

(ii) *Ein Linksnullteiler ist keine Linkseinheit und umgekehrt.*

(iii) *Ein Rechtsnullteiler ist keine Rechtseinheit und umgekehrt.*

(iv) *Ein Rechtsnullteiler ist keine Linkseinheit und umgekehrt.*

(v) *Ein Linksnullteiler ist ein Rechtsnullteiler und umgekehrt.*

(vi) *Eine Rechtseinheit ist eine Linkseinheit und umgekehrt.*

Übungsaufgabe 74 *Man führe den Beweis der Folgerungen 13 und 14 aus!*

Übungsaufgabe 75 *Sei A eine K-Algebra. Für alle $a, b \in A$ definieren wir $a \sim b :\Leftrightarrow aA = Ab$. Unter den Voraussetzungen von Tadashi Nakayamas Lemma (Lemma 11) untersuche man die Beziehungen folgender Aussagen zueinander:*

(i) $\sim$ *ist linkstotal.*

(ii) $\sim$ *ist reflexiv.*

(iii) $a \sim b$ *für alle a, b*

(iv) $\sim$ ist surjektiv.

(v) $\sim$ ist symmetrisch.

(vi) $\sim$ ist eine Äquivalenzrelation.

(vii) $\sim$ ist eine Kongruenzrelation.

(viii) $\sim$ ist transitiv.

(ix) $a \sim a$, $b \sim b$ für alle a, b

(x) $a \sim b$, $c \sim d$ für alle a, b, c, d

(xi) $ac \sim bd$ für alle a, b, c, d

(xii) $a \sim c$, $b \sim c$ für alle a, b, c

(xiii) $c \sim a$, $c \sim b$ für alle a, b, c

(xiv) $\sim$ ist injektiv.

(xv) $\sim$ ist bijektiv.

(xvi) Jedes Hauptrechtsideal ist ein Hauptlinksideal.

(xvii) Jedes Hauptlinksideal ist ein Hauptrechtsideal.

Übungsaufgabe 76 Sei A eine assoziative unitäre K-Algebra. Wir definieren $LR(A) := \{a \mid a \in A, aA = Aa\}$. Man beweise, widerlege und beantworte:

(i) $LR(A)$ enthält das Zentrum von A.

(ii) $LR(A)$ enthält die Einheitengruppe von A.

(iii) $LR(A)$ ist mit A identisch.

(iv) Wann ist A eine Links-Duo-Algebra?

(v) Wann ist A eine Rechts-Duo-Algebra?

(vi) Wann ist A eine Duo-Algebra?

(vii) Wann ist $LR(A)$ mit A identisch?

(viii) $LR(A)$ ist multiplikativ abgeschlossen.

(ix) $LR(A)$ ist gegenüber Skalarmultiplikation mit K abgeschlossen.

(x) $LR(A)$ ist ein K-Teilraum.

(xi) $LR(A)$ ist eine unitale K-Teilalgebra.

(xii) $LR(A)$ ist genau dann ein K-Teilraum, wenn es eine unitale K-Teilalgebra ist.

(xiii) Seien K ein Körper mit mindestens drei Elementen, A auflösbar und endlich-dimensional. Genau dann ist $LR(A)$ ein K-Teilraum, wenn es mit A übereinstimmt, also A eine Duo-Algebra ist. (Man beachte (ii) sowie berechne das K-Erzeugnis der Einheitengruppe von A!).

Übungsaufgabe 77 Seien K ein Körper und $n \in \underline{3}$. Für welche $e_Q, Q \in \Pi_n$ gilt $e_Q K \Pi_n = K \Pi_n e_Q$? Gibt es eine Vermutung für allgemeines n?

Übungsaufgabe 78 Seien K ein Körper und $n \in \underline{3}$. Für welche $Q \in \Pi_n$ gilt $Q K \Pi_n = K \Pi_n Q$? Gibt es eine Vermutung für allgemeines n?

Übungsaufgabe 79 Seien K ein Körper und $n \in \mathbb{N}$. Ist die Menge der unteren oder oberen Dreiecksmatrizen von $K^{n \times n}$ eine Duo-Algebra?

Kapitel 6

Cartan-Teilalgebren

Dieses Kapitel behandelt folgende Thematiken zu Cartan-Teilalgebren der assoziierten Lie-Algebra von $K\Pi_n$ und allgemeiner einer assoziativen auflösbaren zerfallenden Algebra:

- Beschreibung der Cartan-Teilalgebren der assoziierten Lie-Algebra von endlich-dimensionalen assoziativen unitären Algebren mit diagonalisierbarer Radikalfaktorstruktur mit Hilfe von Pierce[1]-Komponenten

- Ableitung eines Kriteriums für die Existenz selbstzentraler Radikalkomplemente (spezielle eindimensionale Pierce-Komponenten)

- Ableitung einer Beschreibung der Algebra, des Radikals und der Radikalkomplemente mit Hilfe von Pierce-Komponenten bei Existenz selbstzentraler Radikalkomplemente

- Selbstzentralität der Radikalkomplemente der assoziierten Lie-Algebra von $K\Pi_n$

- Beschreibung der Cartan-Teilalgebren von $K\Pi_n$.

6.1 Cartan-Teilalgebren und Pierce-Komponenten in auflösbaren zerfallenden Algebren

Lemma 5 *Seien K ein Körper, A eine assoziative endlich-dimensionale K-Algebra, und seien $e_1, \cdots, e_n$ paarweise orthogonale Idempotente von A, so dass $T := \langle e_1, \cdots, e_n \rangle_K$ ein Komplement von $rad(A)$ in A ist. Dann gelten:*

---

[1] Richard S. Pierce (geboren am 26.2.1927, gestorben am 15.3.1992) war ein amerikanischer Mathematiker, dessen Spezialgebiete Algebrentheorie, abelsche Gruppentheorie, Verbandstheorie und boolsche Algebren waren. Nach ihm sind z.B. die Pierce-Komponenten und die Pierce-Zerlegung benannt. Sein Buch über assoziative Algebren zählt zu den Standardwerken der assoziativen Algebrentheorie.

(i) K ist ein Zerfällungskörper für A. Insbesondere ist A auflösbar und $A/rad(A)$ separabel.

(ii) $\sum_{i=1}^{n} e_i$ ist das Einselement von T. Insbesondere ist T unitär.

(iii) Ist A unitär, so gilt $1_A = 1_T$. Insbesondere ist dann T unital.

(iv) $T \subseteq C_A(T)$

(v) Ist A unitär, so gilt $C_A(T) = \bigoplus_{i=1}^{n} e_i A e_i$.

(vi) Ist A unitär, so ist T genau dann selbstzentral, wenn für alle $i \in \underline{n}$ die Pierce-Komponente $e_i A e_i$ in T enthalten ist.

(vii) Ist A unitär und T selbstzentral, so gelten:

(a) $A = \bigoplus_{i,j=1}^{n} e_i A e_j$

(b) $rad(A) = \bigoplus_{i \neq j=1}^{n} e_i A e_j$

(c) $T = \bigoplus_{i=1}^{n} e_i A e_i$

(d) $\forall i \in \underline{n} : e_i A e_i = \langle e_i \rangle_K$

(viii) Ist A unitär, so ist T genau dann selbstzentral, wenn für alle $i \in \underline{n}$ die Pierce-Komponente $e_i A e_i$ eindimensional (also $= \langle e_i \rangle_K$) ist.

(ix) Ist A unitär, so ist T genau dann selbstzentral, wenn $T = \bigoplus_{i=1}^{n} e_i A e_i$ gilt.

Beweis: ad(i)+(ii): Bekanntlich ist T zu K^n isomorph und $\sum_{i=1}^{n} e_i$ ein Einselement von T.

ad(iii): Diese Aussage folgt aus Bemerkung 1.10.1 in [19].

ad(iv): Diese Aussage folgt aus der Kommutativität von T (siehe (i)).

ad(v): Da $e_1, \cdots, e_n$ idempotent und zueinander orthogonal sind, gilt $\bigoplus_{i=1}^{n} e_i A e_i \leq C_A(T)$. Sei $a \in C_A(T)$. Wegen (iii) gilt $A = \bigoplus_{i,j=1}^{n} e_i A e_j$, und wir erhalten für alle $i,j \in \underline{n}$ Elemente $a_{i,j} \in A$, so dass $a = \sum_{i,j=1}^{n} e_i a_{i,j} e_j$ gilt. Sei $r \in \underline{n}$.

Es gelten $ae_r = \sum_{i=1}^{n} e_i a_{i,r} e_r$ und $e_r a = \sum_{i=1}^{n} e_r a_{i,r} e_i$. Wegen $a \circ e_r = 0$ und $A = \bigoplus_{i,j=1}^{n} e_i A e_j$ erhalten wir $e_i a_{i,r} e_r = 0 = e_r a_{r,i} e_i$. Also gilt (v).

ad(vi): Diese Aussage folgt direkt aus (iv) und (v).

ad(vii): Der Teil (a) ist die zweiseitige Pierce-Zerlegung und folgt daher aus (ii), der Teil (b) folgt direkt aus (v). Teil (d) folgt aus Teil (c) sowie aus Dimensionsgründen. Für alle $i \neq j \in \underline{n}$ gilt $(e_i A e_j)(e_i A e_j) = 0$. Daher ist die Pierce-Komponente $e_i A e_j$ nilpotent. Wegen der Auflösbarkeit von A (siehe (i)) liegt daher $e_i A e_j$ nach Proposition 5 in [21] im Radikal von A. Die Gleichheit folgt nun aus (a), (c) sowie aus Dimensionsgründen.

ad(viii): Diese Aussage folgt direkt aus (v) und (vi).

ad(ix): Diese Aussage folgt direkt aus (v) und (vi). ⋄

6.2 Cartan-Teilalgebren und Pierce-Komponenten von $K\Pi_n$

Definitionen 9 Seien K ein Körper, A eine K-Algebra und M ein A-Modul vermöge δ. Dann bezeichnen wir mit $End_{(A;\delta)}(M)$ die Menge der Modulendomorhismen von M bzgl. A und δ. Mit λ bzw. ρ sei die linksreguläre bzw. rechtsreguläre Darstellung von A bezeichnet. ⋄

Lemma 6 Seien K ein Körper und $n \in \mathbb{N}$. Dann ist für alle $Q \in \Pi_n$ die Endomorphismenalgebra $End_{(K\Pi_n e_Q;\rho)}(K\Pi_n e_Q)$ und damit insbesondere die Pierce-Komponente $e_Q K\Pi_n e_Q$ eindimensional.

Beweis: Seien $A := K\Pi_n$ und $e := e_Q$. Offenbar gilt $e \in eAe$. Bekanntlich vermittelt $\rho_{|eAe}$ einen Algebrenisomorphismus zwischen eAe und $End_{(A;\rho)}(Ae)$. Diese Endomorphismenalgebra ist (wegen $Ae \leq A$) in $End_{(Ae;\rho)}(Ae)$ enthalten.
Sei $\varphi \in End_{(Ae;\rho)}(Ae)$. Nach Theorem 5.4 in [16] ist $\{e_P \mid P \sim_{\Pi_n} Q\}$ eine K-Basis von Ae. Sei $e\varphi = \sum_{P \sim_{\Pi_n} Q} k_P e_P$. Dann gilt für alle $R \sim_{\Pi_n} Q$ nach
Seite 21, oben, in [16] die Gleichung $e_R e = e$. Daraus erhalten wir (weil e in Ae enthalten ist) für alle $R \sim_{\Pi_n} Q$ die Aussage

$$\begin{aligned} e_R \varphi &\\ &= (e e_R)\varphi \\ &= (e\varphi)e_R \\ &= (\sum_{P \sim_{\Pi_n} Q} k_P e_P)e_R \end{aligned}$$

$$= (\sum_{P \sim_{\Pi_n} Q} k_P) e_R.$$

Also gilt $\varphi = (\sum_{P \sim_{\Pi_n} Q} k_P) id_{Ae}.\diamond$

Folgerung 19 *Seien K ein Körper, $n \in \mathbb{N}$ und $Q \in \Pi_n$ mit $l(Q) \geq 2$.*

(i) $K\Pi_n e_Q$ ist als $K\Pi_n$-Modul vermöge λ unzerlegbar, aber nicht irreduzibel, und $End_{(K\Pi_n;\lambda)}(K\Pi_n e_Q)$ ist zu K isomorph, also insbesondere eine K-Divisionsalgebra. (Abspiel zur Umkehrung des Schurschen[2] Lemmas)

(ii) $K\Pi_n e_Q$ ist als Algebra nicht unitär. Insbesondere ist die Rechtseins e_Q keine Linkseins von $K\Pi_n e_Q$.

Beweis: ad(i): Nach Theorem 5.4 in [16] ist $K\Pi_n e_Q$ als $K\Pi_n$-Modul vermöge λ unzerlegbar, aber nicht irreduzibel. Aus Lemma 6 folgt nun (i).

ad(ii): Wir nehmen an, dass $K\Pi_n e_Q$ als Algebra unitär sei. Dann wäre bekanntlich $K\Pi_n e_Q$ zu der Algebra $End_{(K\Pi_n e_Q;\rho)}(K\Pi_n e_Q)$ isomorph. Diese Endomorphismenalgebra besitzt nach Lemma 6 die Dimension 1. Hingegen ist $K\Pi_n e_Q$ nach Theorem 5.4 in [16] aber von der Dimension $l(Q)! \geq 2.\diamond$

---

[2]Issai Schur (geboren am 10. Januar 1875 in Mogiljow; gestorben am 10. Januar 1941 in Tel Aviv) war ein Mathematiker, der die meiste Zeit seines Lebens in Deutschland arbeitete. Als Student von Frobenius arbeitete er über Darstellungstheorie von Gruppen, aber auch in Zahlentheorie und sogar in theoretischer Physik. Am besten bekannt ist ein Nebenergebnis seiner Arbeiten, die Schur-Zerlegung von Matrizen, die wichtige Anwendungen in der numerischen linearen Algebra findet. 1901 promovierte er mit summa cum laude bei Ferdinand Georg Frobenius und Lazarus Immanuel Fuchs "Über eine Klasse von Matrizen, die sich einer gegebenen Matrix zuordnen lassen", wobei sich unter diesem Titel eine Theorie der Darstellung der allgemeinen linearen Gruppe verbirgt. Nach Vogt verwendete er seinen Vornamen Issai in dieser Arbeit zum ersten Mal. Im Jahre 1913 nahm er einen Ruf als außerordentlicher Professor und Nachfolger von Felix Hausdorff nach Bonn an. In den Folgejahren versuchte Frobenius auf verschiedene Art und Weise, Schur zurück nach Berlin zu holen. Schur konnte Deutschland Anfang 1939 verlassen. Seine Gesundheit war allerdings schon schwer beeinträchtigt. Er reiste in Begleitung einer Krankenschwester zu seiner Tochter nach Bern, wohin ihm einige Tage später auch seine Frau folgte. Dort blieben sie einige Wochen und wanderten dann nach Palästina aus. Nur zwei Jahre später, an seinem 66. Geburtstag, am 10. Januar 1941 starb er in Tel Aviv an einem Herzinfarkt. Mit vielen bedeutenden Arbeiten zur Gruppen- und Darstellungstheorie setzte Schur das Werk seines Lehrers Frobenius fort. Darüber hinaus veröffentlichte er wichtige Resultate und elegante Beweise für bekannte Sätze in fast allen Zweigen der klassischen Algebra und Zahlentheorie. Seine gesammelten Werke sind ein eindrucksvoller Beleg dafür. Dort sind auch seine Arbeiten zu Theorie der Integralgleichungen und über unendliche Reihen zu finden. Schur hatte insgesamt 26 Doktoranden, einige von ihnen erreichten mathematischen Weltruf. Darunter sind Alfred Brauer, Richard Brauer, Karl Dörge, Bernhard Neumann, Richard Rado, Isaac Jacob Schoenberg, Wilhelm Specht, Helmut Wielandt. Nach Issai Schur ist u.a. Folgendes benannt: Lemma von Schur, Satz von Schur, Satz von Schur-Zassenhaus, Schurindex, Schursche Funktion, Schurzahlen, Schurtripel, Schurkomplement, Schurzerlegung.

Satz 9 *Seien K ein Körper, $n \in \mathbb{N}$ und $T := \langle e_Q \mid Q \in \Pi_n^{\leq} \rangle_K$.*

(i) *Die Cartan-Teilalgebren von $(K\Pi_n)^\circ$ sind genau die unter $1+rad(K\Pi_n)$ Konjugierten von T. Alle Radikalkomplemente sind selbstzentral.*

(ii) $K\Pi_n = \bigoplus\limits_{P,Q \in \Pi_n^{\leq}} e_P K\Pi_n e_Q$

(iii) $rad(A) = \bigoplus\limits_{P \neq Q \in \Pi_n^{\leq}} e_P K\Pi_n e_Q$

(iv) $T = \bigoplus\limits_{P \in \Pi_n^{\leq}} e_P K\Pi_n e_P$

(v) *Für alle $P \in \Pi_n^{\leq}$ gilt $e_P K\Pi_n e_P = \langle e_P \rangle_K$.*

Beweis: Alle Aussagen folgen direkt aus den Lemmata 5 und 6 sowie den Sätzen 3 und 5.10 in [3].⋄

Korollar 1 *Seien K ein Körper und $n \in \mathbb{N}$. Es sind äquivalent:*

(i) *$(K\Pi_n)^\circ$ ist nilpotent.*

(ii) *$K\Pi_n$ ist kommutativ.*

(iii) *Es gilt $n = 1$.*

Beweis: Nach Folgerung 9 sind die Aussagen (ii) und (iii) äquivalent, und offenbar folgt (i) aus (ii). Sei nun $(K\Pi_n)^\circ$ nilpotent. Da Cartan-Teilalgebren von $(K\Pi_n)^\circ$ maximal-nilpotent sind, erhalten wir aus Satz 9, dass $K\Pi_n$ halbeinfach ist. Nach Folgerung 9 ist $K\Pi_n$ kommutativ.⋄

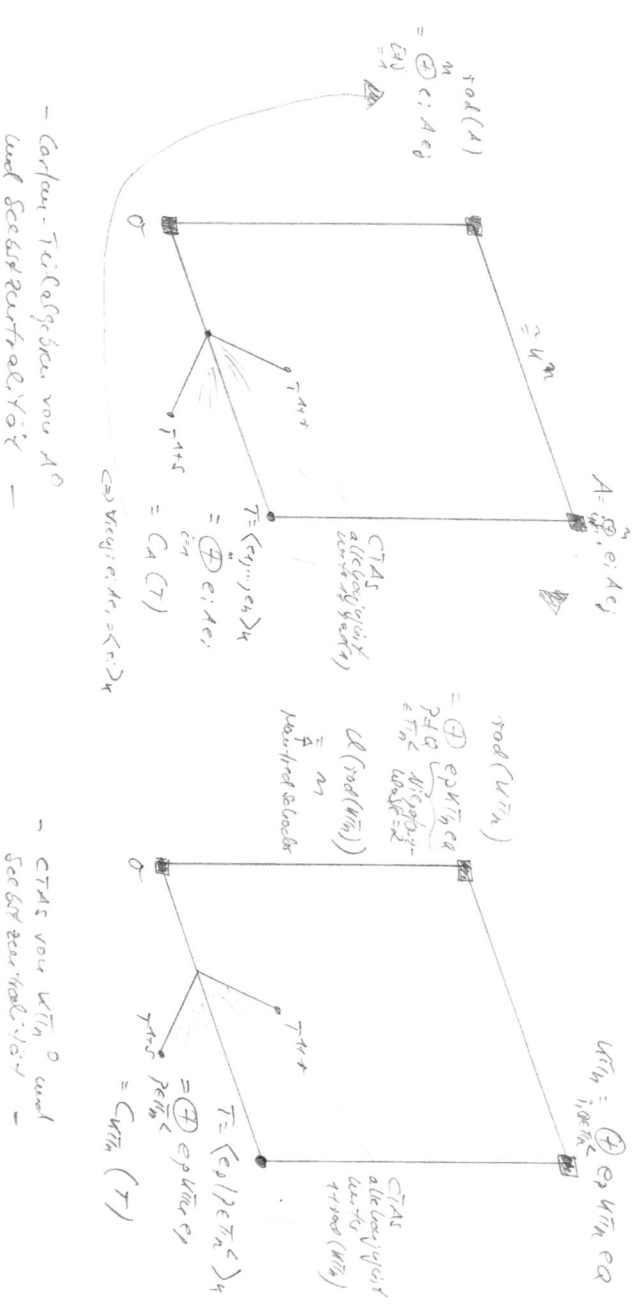

6.3 Offene Fragen

- Seien K ein Körper und M ein endliches idempotentes Monoid. Man bestimme die Cartan-Teilalgebren der assoziierten Lie-Algebra von KM! Welche assoziative Struktur haben diese? Welche Dimension besitzen diese? Sind sie selbstzentral?

- Wieviele Cartan-Teilalgebren hat $K\Pi_n$ bzw. KM für einen endlichen Körper und ein endliches idempotentes Monoid M?

6.4 Übungsaufgaben

Übungsaufgabe 80 *Sei K ein Körper. Ist $e_{(12,3)}K\Pi_3$ als Algebra unitär, als Rechtsmodul unzerlegbar oder irreduzibel?*

Übungsaufgabe 81 *Sei K ein Körper. Ist $(12,3)K\Pi_3$ als Algebra unitär, als Rechtsmodul unzerlegbar oder irreduzibel?*

Übungsaufgabe 82 *Sei K ein Körper. Ist $K\Pi_3(12,3)$ als Algebra unitär, als Linksmodul unzerlegbar oder irreduzibel?*

Übungsaufgabe 83 *Sei K ein Körper. Ist $K\Pi_3 e_{(12,3)}$ als Algebra unitär, als Linksmodul unzerlegbar oder irreduzibel?*

Übungsaufgabe 84 *Sei K ein Körper. Man berechne die Dimensionen aller Pierce-Komponenten von $K\Pi_3$ bzgl. der orthogonalen Idempotenten $e_Q, Q \in \Pi_3^{\leq}$!*

Übungsaufgabe 85 *Sei K ein Körper. Man bestimme zwei verschiedene Cartan-Teilalgebren von $K\Pi_3$!*

Übungsaufgabe 86 *Sei K ein Körper. Welche Dimensionen haben die Cartan-Teilalgebren von $K\Pi_4$?*

Übungsaufgabe 87 *Sei K ein Körper. Wann ist $(K\Pi_5)^\circ$ nilpotent?*

Übungsaufgabe 88 *Sei K ein endlicher Körper. Wieviele Cartan-Teilalgebren besitzt $K\Pi_3$?*

Übungsaufgabe 89 *Seien K ein Körper und $n \in \mathbb{N}$. Man bestimme die Cartan-Teilalgebren der assoziierten Lie-Algebra der Menge der oberen und unteren Dreiecksmatrizen von $K^{n \times n}$. Sind diese Cartan-Teilalgebren selbstzentral? Sind die Radikalkomplemente selbstzentral? Was gilt, wenn K algebraisch abgeschlossen ist?*

Übungsaufgabe 90 *Seien K ein Körper, A eine assoziative endlich-dimensionale unitäre auflösbare K-Algebra mit separabler Radikalfaktorstruktur und T ein Radikalkomplement in A. Dann ist nach einem Resultat von T. Bauer $C_A(T)$ eine Cartan-Teilalgebra von A° (siehe [3]). Aus der Definition der Cartan-Teilalgebra stimmt also $C_A(T)$ mit seinem Lie-Normalisator überein. Man zeige, dass dieser den Doppel-Zentralisator $C_A(C_A(T))$ enthält. Zusätzlich zeige man, dass T in diesem Doppel-Zentralsator enthalten ist. Was gilt im Falle eines selbstzentralen Radikalkomplementes?*

Kapitel 7

Carter-, p'-Hall- und p-Sylow-Untergruppen

Dieses Kapitel behandelt folgende Thematiken zur der auflösbaren Einheitengruppe von $K\Pi_n$ und allgemeiner der einer assoziativen auflösbaren Algebra:

- Beschreibung der Carter-Untergruppen von $E(K\Pi_n)$ mit Hilfe allgemeiner Resultate aus [3]

- Beschreibung, wann diese Einheitengruppe abelsch bzw. nilpotent ist

- Bestimmung der p-Sylow-Untergruppe der Einheitengruppe einer auflösbaren assoziativen unitären endlich-dimensionalen K-Algebra über einen Körper der Charakteristik p

- Beschreibung und Bestimmung der Anzahl der p'-Hall-Untergruppen der Einheitengruppe einer auflösbaren assoziativen unitären endlich-dimensionalen K-Algebra über einem endlichen Körper der Charakteristik p und ihr Zusammenhang zu den Carter-Untergruppen

- Folgerungen aus diesen allgemeiner analysierten Thematiken für $E(K\Pi_n)$.

7.1 Carter-Untergruppen von $E(K\Pi_n)$

Die folgende Proposition verbleibt als Übungsaufgabe (vgl. auch [19]):

Proposition 9 *Seien K ein Körper und $n \in \mathbb{N}$. Dann ist $E(K\Pi_n)$ auflösbar. Genauer gilt: $E(K\Pi_n)$ ist das semidirekte Produkt aus dem nilpotenten Normalteiler $1 + rad(K\Pi_n)$ und der abelschen Untergruppe $E(T)$, wobei T ein Radikalkomplement ist.*⋄

Mit Hilfe allgemeiner Ergebnisse von T. Bauer beweisen wir nun:

Satz 10 *Seien K ein Körper, $n \in \mathbb{N}$ und $T := \langle e_Q \mid Q \in \Pi_n^{\leq} \rangle_K$.*

(i) Im Falle $\mid K \mid \neq 2$ sind die Carter-Untergruppen von $E(K\Pi_n)$ genau die unter $1 + rad(K\Pi_n)$ Konjugierten von $E(T) \cong E(K)^{\mid \Pi_n^{\leq} \mid}$.

(ii) Im Falle $\mid K \mid = 2$ ist $E(K\Pi_n)$ nilpotent.

Beweis: ad(i): Diese Aussage folgt direkt aus Teil (i) von Satz 9 und Theorem 1 in [4].

ad(ii): Wegen $\mid K \mid = 2$ stimmt die Einheitengruppe von $K\Pi_n$ mit $1 + rad(K\Pi_n)$ überein. $\diamond$

Korollar 2 *Seien K ein Körper und $n \in \mathbb{N}$.*

(i) Im Falle $\mid K \mid \neq 2$ ist $E(K\Pi_n)$ nur für $n = 1$ nilpotent bzw. abelsch.

(ii) Im Falle $\mid K \mid = 2$ ist $E(K\Pi_n)$ nur für $n \leq 2$ abelsch.

Beweis: ad(i): Diese Aussage folgt direkt aus Satz 7 in [21] und Korollar 1.

ad(ii): Sei $J := rad(K\Pi_n)$. In diesem Fall gilt $E(K\Pi_n) = 1 + J$. Also ist $E(K\Pi_n)$ genau dann abelsch, wenn $J \circ J = 0$ gilt. Wegen Satz 19 gilt $J \circ J = J^{<2>}$. Also ist die Einheitengruppe von $K\Pi_n$ genau dann abelsch, wenn die Nilpotenzklasse von J höchstens 2 ist. Nach Corollary 7.4 in [16] ist diese aber nach einem Resultat von Manfred Schocker genau n. $\diamond$

Beispiel 7 Seien K ein Körper und $n \in \mathbb{N}$. Im Falle eines Körpers mit zwei Elementen ist die Einheitengruppe von $K\Pi_n$ nach Korollar 2 nilpotent, die assoziierte Lie-Algebra von $K\Pi_n$ aber nur im Fall $n = 1$.
Wir betrachten nun den Fall $n = 2$. Seien K ein Körper mit 2 Elementen, $e_1 = (12), e_2 = (1, 2)$ und $e_3 = (2, 1)$. Dann sind $T_1 := \langle e_1, e_2 - e_1 \rangle_K$ und $T_2 := \langle e_1, e_3 - e_1 \rangle_K$ zwei verschiedene Radikalkomplemente. Aus Mächtigkeitsgründen sind es die einzigen. $\diamond$

7.2 p-Sylow- und p'-Hall-Untergruppen in Einheitengruppen auflösbarer assoziativer Algebren

Proposition 10 *Seien K ein Körper, A eine endlich-dimensionale assoziative unitäre K-Algebra, g eine Einheit und T eine unitale K-Teilalgebra von A. Dann gilt $E(T)^g = E(T^g)$.*

Beweis: Wir bemerken zunächst an, dass für jede unitale K-Teilalgebra S von A nach Folgerung 13 die Aussage $E(S) = S \cap E(A)$ gilt. Daraus folgt nun $E(T)^g = (T \cap E(A))^g = T^g \cap E(A)^g = T^g \cap E(A) = E(T^g)$. $\diamond$

Satz 11 *Seien K ein endlicher Körper der Charakteristik p, A eine endlich-dimensionale assoziative unitäre auflösbare K-Algebra und T ein Radikal-komplement.*

(i) $1 + rad(A)$ ist die p-Sylow-Untergruppe von $E(A)$.

(ii) Die p'-Hall-Untergruppen sind die Konjugierten von $E(T)$ unter $1 + rad(A)$.

(iii) Ist K zusätzlich ein Zerfällungskörper von A, so gilt
$E(T) \cong E(K)^{dim_K(A/rad(A))}$.

(iv) Die Zentralisatoren der p'-Hall-Untergruppen sind genau die Carter-Untergruppen.

(v) Ist T selbstzentral, so sind die p'-Hall-Untergruppen genau die Carter-Untergruppen.

Beweis: Da K endlich ist, ist K perfekt und damit die Radikalfaktorstruktur von A separabel. Insbesondere gibt es nach dem Satz von Wedderburn-Malcev ein Radikalkomplement T. Die Algebra A wird von $rad(A)$ und T semidirekt zerlegt. Nach Folgerung 1.1.8 in [20] ist damit $E(A)$ eine semidirektes Produkt bzgl. des Normalteiler $1 + rad(A)$ und der Untergruppe $E(T)$. Da A auflösbar – also T kommutativ ist – gibt es Erweiterungskörper $K_1, \cdots, K_r$ von K, so dass T zu der äusseren direkten Summe $K_1 \times \cdots \times K_r$ isomorph ist. Wiederum aus Folgerung 1.1.8 in [20] gilt daher $E(T) \cong E(K_1) \times \cdots \times E(K_r)$. Aus der endlichen Körpertheorie ist bekannt, dass die Mächtigkeit jedes Erweiterungskörpers K_i ($i \in \underline{r}$) eine p-Potenz ist. Wegen $E(K_i) = K_i \setminus \{0\}$ ist daher $\mid E(K_i) \mid$ für alle $i \in \underline{r}$ eine p'-Potenz. Da $rad(A)$ ein K-Vektorraum ist, folgen nun (i), (iii) und der erste Teil aus (ii).
Sei nun H eine p'-Hall-Untergruppe von $E(A)$. Nach einem Satz von Hall gibt es ein $g \in E(A)$ mit $H = E(T)^g$. Da mit T auch T^g ein Radikalkomplement ist, gibt es nach einem Satz von Wedderburn und Malcev ein $r \in rad(A)$ mit $T^g = T^{1+r}$. Es folgt nun mit Proposition 10 die Gleichung $H = E(T)^g = E(T^g) = E(T^{1+r}) = E(T)^{1+r}$

Die Aussagen in (iv) und (v) folgen aus (ii) sowie aus Theorem 1 in [3].⋄

Proposition 11 *Seien K ein Körper, A eine assoziative unitäre auflösbare K-Algebra und T ein separables Radikalkomplement. Dann gilt $N_{E(A)}(E(T)) = C_{E(A)}(E(T))$. Für $\mid K \mid \neq 2$ gilt zusätzlich $C_{E(A)}(E(T)) = E(C_A(T))$.*

Beweis: Sei $g \in N_{E(A)}(E(T))$. Die Algebra A wird von $rad(A)$ und T semidirekt zerlegt. Nach Folgerung 1.1.8 in [20] ist damit $E(A)$ eine semidirektes Produkt bzgl. des Normalteiler $1 + rad(A)$ und der Untergruppe $E(T)$. Also gibt es insbesondere ein $r \in rad(A)$ und ein $t \in E(T)$ mit $g = t(1 + r)$.

Aus der Kommutativität von T erhalten wir $E(T) = E(T)^g = E(T)^{t(1+r)} = E(T)^{1+r}$, also insbesondere $E(T)(1+r) = (1+r)E(T)$. Sei nun $s \in E(T)$. Dann gibt es ein $x \in E(T)$ mit $s(1+r) = (1+r)x$, also $s + sr = x + rx$. Wegen $sr, rx \in rad(A)$ und $s, x \in E(T)$ folgt nun $s = x$ und $sr = rs$. Also zentralisiert r jedes Element von $E(T)$, und wir haben $g \in C_{E(A)}(E(T))$ gezeigt.

Ist $\mid K \mid \neq 2$, so gilt nach Lemma 5.17 in [3] die Aussage $T = \langle E(T) \rangle_K$, woraus leicht der Zusatz folgt.◇

Satz 12 *Seien K ein endlicher Körper der Charakteristik p, A eine endlich-dimensionale assoziative unitäre auflösbare K-Algebra und T ein Radikalkomplement.*

(i) Es gibt genau $\frac{|E(A)|}{|C_{E(A)}(E(T))|}$ p'-Hall-Untergruppen in $E(A)$. Insbesondere ist diese Anzahl ein Teiler der Mächtigkeit der p-Sylowuntergruppe $1 + rad(A)$ von $E(A)$.

(ii) Die Anzahl der p'-Hall-Untergruppen entspricht der Anzahl der Carter-Untergruppen in $E(A)$.

(iii) Ist T selbstzentral und gilt $\mid K \mid \neq 2$, so gibt es genau $\mid rad(A) \mid$ p'-Hall-Untergruppen in $E(A)$.
(Dies ist die maximal mögliche Anzahl der p'-Hall-Untergruppen.)

Beweis: ad(i): Dies folgt aus der Bahngleichung sowie Proposition 11.

ad(ii): Carter-Untergruppen sind selbstnormal. Mit (i) und Satz 11 folgt dann (ii).

ad(iii): Dies folgt aus (i) und Proposition 11. Der Zusatz folgt aus der Kommutativität von T.◇

7.3 Konsequenzen für die Einheitengruppe von $K\Pi_n$

Korollar 3 *Seien K ein endlicher Körper der Charakteristik p, $n \in \mathbb{N}$ und T ein Radikalkomplement in $K\Pi_n$.*

(i) $1 + rad(K\Pi_n)$ ist die p-Sylow-Untergruppe von $E(K\Pi_n)$.

(ii) Die p-Sylow-Untergruppe besitzt die Mächtigkeit $\mid K \mid^{|\Pi_n| - B(n)}$.

(iii) Die p'-Hall-Untergruppen sind die Konjugierten von $E(T)$ unter $1 + rad(K\Pi_n)$.

(iv) $E(T) \cong E(K)^{B(n)}$.

(v) Die p'-Hall-Untergruppen sind genau die Carter-Untergruppen.

(vi) Für $|K| \neq 2$ gibt es genau $|K|^{\sum_{k=0}^{n}(k!-1)S(n,k)}$ p'-Hall-Untergruppen in $E(K\Pi_n)$.

(vii) Für $|K| = 2$ gibt es genau eine p'-Hall-Untergruppe in $E(K\Pi_n)$.

Beweis: Dies ist eine direkte Konsequenz aus den Sätzen 12 und 11 sowie aus Folgerung 1.◇

7.4 Offene Fragen

- Seien K ein Körper und M ein endliches idempotentes Monoid. Wann ist $E(KM)$ abelsch, wann nilpotent?

- Seien K ein Körper und M ein endliches idempotentes Monoid. Was sind die Carter-Untergruppen von $E(KM)$?

- Seien K ein Körper und M ein endliches idempotentes Monoid. Ist $E(KM)$ auflösbar?

- Gilt Satz 11 auch ohne Auflösbarkeit?

- Gilt Proposition 11 auch ohne Auflösbarkeit?

- Gilt Satz 12 auch ohne Auflösbarkeit?

- Sei K ein endlicher Körper der Charakteristik p. Was sind die q-Sylow-Untergruppen von $E(A)$ für eine endlich-dimensionale unitäre assoziative K-Algebra A ($q \neq p$ eine weitere Primzahl)? Was gilt im Falle $A = KM$ für ein endliches idempotentes Monoid M, was im Falle $A = K\Pi_n$ für ein $n \in \mathbb{N}$? Was ist in diesen Fällen die Anzahl der Carter-Untergruppen von $E(A)$? Was ist jeweils der Normalisator einer Carter-Untergruppe von $E(A)$?

7.5 Übungsaufgaben

Übungsaufgabe 91 *Sei K ein Körper. Man bestimme eine Carter-Untergruppe von $E(K\Pi_3)$!*

Übungsaufgabe 92 *Sei K ein Körper. Ist $E(K\Pi_4)$ nilpotent?*

Übungsaufgabe 93 *Sei K ein Körper. Ist $E(K\Pi_5)$ abelsch?*

Übungsaufgabe 94 *Seien K ein Körper und $n \in \mathbb{N}$. Man zeige, dass $E(K\Pi_n)$ auflösbar ist!*

Übungsaufgabe 95 *Man beweise Proposition 9!*

Übungsaufgabe 96 *Sei K ein endlicher Körper der Charakteristik p. Wieviele p-Sylow-Untergruppen besitzt $E(K\Pi_9)$?*

Übungsaufgabe 97 *Sei K ein endlicher Körper der Charakteristik p. Wieviele p'-Hall-Untergruppen besitzt $E(K\Pi_4)$?*

Übungsaufgabe 98 *Sei K ein endlicher Körper der Charakteristik p. Was ist der Isomorphietyp aller Carter-Untergruppen von $E(K\Pi_4)$? Wieviele gibt es?*

Übungsaufgabe 99 *Sei K ein endlicher Körper der Charakteristik p. Welche Nilpotenzklasse hat die p-Sylow-Untergruppe von $E(K\Pi_3)$?*

Übungsaufgabe 100 *Seien K ein Körper, $n \in \mathbb{N}$ und A die Algebra der unteren Dreiecksmatrizen von $K^{n \times n}$. Man analysiere folgende Thematiken:*

- *A ist zu der Algebra der oberen Dreiecksmatrizen isomorph.*

- *A ist zu der Algebra der oberen Dreiecksmatrizen anti-isomorph.*

- *Das Radikal von A ist die Teilalgbra der strikt unteren Dreiecksmatrizen.*

- *A ist auflösbar, und die Teilalgebra der Diagonalmatrizen ist ein selbstzentrales Radikalkomplement.*

- *$E(A)$ ist auflösbar. Was gilt genauer?*

- *Was sind die Carter-Untergruppen von $E(A)$?*

- *Welche Konsequenzen haben die Sätze 11 und 12 für $E(A)$, falls K endlich ist?*

Übungsaufgabe 101 *Man übertrage die Aufgabenstellung von Übungsaufgabe 90 auf Carter-Untergruppen!*

Kapitel 8

Das Zentrum

Dieses Kapitel behandelt folgende Thematiken zum Zentrum von $K\Pi_n$ und das ihrer Einheitengruppe:

- Zentralität von $K\Pi_n$

- Beschreibung des Zentrums von $K\Pi_n$ durch Schnittbildung von außerhalb des Zentrums

- direkte Unzerlegbarkeit von $K\Pi_n$

- interne Beschreibung des Zentrums von Π_n mittels Klassen von $\sim$

- interne Beschreibung des Zentrums der Einheitengruppe sowie durch Schnittbildung von Carter-Untergruppen von außerhalb des Zentrums

- Zusammenhang des Zentrums der Einheitengruppe und der Einheitengruppe des Zentrums von $K\Pi_n$.

8.1 Das Zentrum von $K\Pi_n$

Satz 13 *Seien K ein Körper und $n \in \mathbb{N}$. Dann ist $K\Pi_n$ zentral.*[1]

Beweis: Das Zentrum von $K\Pi_n$ liegt in jeder maximal nilpotenten Teilalgebra von $(K\Pi_n)^\circ$, also insbesondere in der Cartan-Teilalgebra (vgl. Satz 9) $\langle e_Q \mid Q \in \Pi_n^\leq \rangle_K$. Sei $z \in Z(K\Pi_n)$, etwa $z = \sum_{Q \in \Pi_n^\leq} k_Q e_Q$. Seien $P, Q \in \Pi_n^\leq$ mit $Q < P$. Nach Theorem 6.4 in [16] gilt $dim_K(e_P K\Pi_n e_Q) \geq 1$. Wir wählen ein $a \in K\Pi_n$ mit $e_P a e_Q \neq 0$. Da die Idempotenten $e_R, R \in \Pi_n^\leq$ nach Satz 3 orthogonal zueinander sind, erhalten wir nun

$$0$$

---

[1]Eine unitäre K-Algebra heißt zentral, wenn das Zentrum genau aus den K-Vielfachen der 1 besteht.

$$\begin{aligned}
&= z \circ (e_P a e_Q) \\
&= \sum_{R \in \Pi_n^<} k_R(e_R \circ (e_P a e_Q)) \\
&= k_P e_P a e_Q - k_Q e_P a e_Q \\
&= (k_P - k_Q) e_P a e_Q.
\end{aligned}$$

Für alle $P, Q \in \Pi_n^<$ mit $Q < P$ haben wir also $k_P = k_Q$ gezeigt. Sei nun $Q := (1, 2, \cdots, n)$. Nach Satz 7 gilt dann für alle $P \in \Pi_n$ die Aussage $Q \wedge P = Q$, also $Q < P$. Da offenbar $min\{1\} < min\{2\} < \cdots < min\{n\}$ gilt, erhalten wir $Q \in \Pi_n^<$ und $z = k_{(1,2,\cdots,n)} \sum_{P \in \Pi_n^<} e_P$. Die Summe der Idempotenten $e_R, R \in \Pi_n^<$ ist nach Satz 3 das Einselement ihres K-linearen Erzeugnisses, welches nach demselben Satz ein Radikalkomplement ist. Also ist diese Summe nach Lemma 5 das Einselement von $K\Pi_n$. Somit haben wir $z = k_{(1,2,\cdots,n)} 1_{K\Pi_n}$ gezeigt.◊

Korollar 4 *Seien K ein Körper und $n \in \mathbb{N}$.*

(i) Das Zentrum von $K\Pi_n$ ist der Schnitt aller Radikalkomplemente von $K\Pi_n$.

(ii) Das Zentrum von $K\Pi_n$ ist der Schnitt aller Cartan-Teilalgebren von $(K\Pi_n)^\circ$.

(iii) Das Zentrum von $K\Pi_n$ ist der Schnitt aller maximal nilpotenten Teilalgebren von $(K\Pi_n)^\circ$.

(iv) $K\Pi_n$ ist direkt unzerlegbar.

Beweis: ad(i): Da $K\Pi_n$ auflösbar ist, entspricht der Schnitt aller Radikalkomplemente dem Radikalkomplement des Zentrums (vgl. Korollar 5.1.5 in [19]). Da das Zentrum nach Satz 13 halbeinfach ist, folgt nun leicht (i).

ad(ii): Nach Satz 9 entsprechen die Cartan-Teilalgebren von $(K\Pi_n)^\circ$ den Radikalkomplementen von $K\Pi_n$. Mit (i) folgt nun (ii).

ad(iii): Das Zentrum liegt in jeder maximal nilpotenten Teilalgebra von $(K\Pi_n)^\circ$. Daher folgt (iii) aus (ii), da Cartan-Teilalgebren maximal nilpotent sind.

ad(iv): Diese Aussage folgt direkt aus Satz 13.◊

8.2 Das Zentrum von Π_n

Proposition 12 *Seien $n \in \mathbb{N}$, s_n die Spiegelung auf Π_n (siehe Proposition 3) und K ein Körper.*

(i) Für alle $P \in \Pi_n$ gilt $P \sim_{\Pi_n} Ps_n$.

(ii) s_n besitzt nur den Fixpunkt 1_{Π_n}.

(iii) $s_r, r \in \mathbb{N}$ induzieren einen involutorischen Antiautomorphismus auf $(K\Pi; \vee)$.

Beweis: ad(i)+(ii): Sei $P := (P_1, \cdots, P_k) \in \Pi_n$. Für $k \geq 2$ gilt offenbar $P \neq Ps_n = (P_k, \cdots, P_1)$. Offensichtlich gelten $(P_1, \cdots, P_k) \wedge (P_k, \cdots, P_1) = (P_1, \cdots, P_k)$ und $(P_k, \cdots, P_1) \wedge (P_1, \cdots, P_k) = (P_k, \cdots, P_1)$. Daraus folgen (i) und (ii).

ad(iii): Seien $P := (P_1, \cdots, P_k)$ und $Q := (Q_1, \cdots, Q_l)$ zwei Elemente von Π_n mit $\bigcup_{i=1}^{l} P_i \neq \bigcup_{i=1}^{k} Q_i$. Es gilt

$$(P \vee Q)s_{k+l}$$
$$= (P_1, \cdots, P_k, Q_1, \cdots, Q_l)s_{k+l}$$
$$= (Q_l, \cdots, Q_1, P_k, \cdots, P_1)$$
$$= Qs_l \vee Ps_l.$$

Somit gilt die Behauptung.⋄

Korollar 5 *Sei $n \in \mathbb{N}$. Es gilt $Z(\Pi_n) = \{1\}$, und das Zentrum von Π_n besteht genau aus den einelementigen Klassen von Π_n bzgl. $\sim_{\Pi_n}$.*

Beweis: Nach Bemerkung 3 ist jede von einem in Π_n zentralem Element erzeugte Klasse bzgl. $\sim_{\Pi_n}$ einelementig. Sei nun $Z \in \Pi_n$ mit $[Z]_{\sim_{\Pi_n}} = \{Z\}$. Nach Proposition 12 gilt $Z \sim_{\Pi_n} Zs_n$, also $Z = Zs_n$. Aus derselben Proposition folgt nun $Z = 1$. Der zweite Teil folgt direkt aus Satz 13.⋄

Bemerkung 16 In Proposition 12 haben wir auf einen Antiautomorphismus aufmerksam gemacht, der eine Involution ist. Dieses Phänomen gibt es an einigen Stellen in der Algebra: Matrizenalgebren und Transponieren, Gruppenalgebren und Invertieren, Quaternionenalgebren und Konjugieren. Es stellt sich Frage, ob bei Existenz eines Antiautomorphismus es auch schon einen involutorischen Antiautomorphismus gibt.
Eine positive Antwort auf diese Frage gibt Adrian Albert[2] in [1] für zentraleinfache assoziative endlich-dimensionale Algebren.

---

[2] Abraham Adrian Albert (geboren am 9. November 1905 in Chicago; gestorben am 6. Juni 1972 in Chicago) war ein US-amerikanischer Mathematiker, der sich mit Algebra beschäftigte. Er studierte an der University of Chicago, machte dort 1926 seinen Bachelor und 1927 seinen Master-Abschluss und wurde dort 1928 bei Leonard Dickson promoviert (Algebras and their Radicals and Division Algebras). Nach der Promotion verbrachte er ein Jahr als Stipendiat des National Research Council an der Princeton University bei Solomon Lefschetz und war 1929 bis 1931 Instructor an der Columbia University. Ab 1931

98

Betrachten wir eine galoissche[3] Körpererweiterung von $\mathbb{Q}$ der Ordnung drei,

---

war er bis zu seiner Emeritierung an der University of Chicago (1931 Assistenzprofessor, 1937 Associate Professor, 1941 Professor), wo er 1958 bis 1962 Dekan der Mathematik-Fakultät war und 1961 bis 1971 Dean der Physical Sciences Division. Albert arbeitete über Riemann-Matrizen (auf Anregung von Lefschetz) und lineare assoziative Algebren und nicht-assoziative Algebren (ab 1942). Mit den von Pascual Jordan in Untersuchungen zur Quantenmechanik eingeführten Jordan-Algebren beschäftigte er sich zuerst 1934 in "On certain algebras of quantum mechanics". Nach ihm ist eine exzeptionelle Jordan-Algebra benannt. Schon in seiner Dissertation befasste er sich mit der Klassifikation der Divisionsalgebren, die von Joseph Wedderburn begonnen wurde. Hier hatte er allerdings Konkurrenz in Deutschland durch Helmut Hasse, Emmy Noether, Richard Brauer, die ihm mit dem Satz von Brauer-Hasse-Noether zuvorkamen. Während des Zweiten Weltkriegs arbeitete er für die US-Regierung als angewandter Mathematiker an der Northwestern University und auch in der Kryptographie. Nach dem Krieg war er in zahlreichen Funktionen als Regierungsberater tätig und war insbesondere für die umfangreiche Vergabe von Regierungsstipendien und Kontrakten für mathematische Forschungsarbeiten verantwortlich. 1958 bis 1961 war er Vorsitzender der Mathematik-Abteilung des National Research Council. 1939 erhielt er den Colepreis der American Mathematical Society (AMS) für seine Arbeit über Riemann-Matrizen in den Annals of Mathematics 1934/35. 1943 wurde er in die National Academy of Sciences aufgenommen, 1952 in die brasilianische und 1963 in die argentinische Akademie der Wissenschaften. 1956/56 war er Präsident der American Mathematical Society. 1950 hielt er einen Plenarvortrag auf dem Internationalen Mathematikerkongress in Cambridge (Massachusetts) über Power-Associative Algebras. Zu seinen Doktoranden zählt Anatol Rapoport.

[3]Évariste Galois (geboren am 25. Oktober 1811 in Bourg-la-Reine; gestorben am 31. Mai 1832 in Paris) war ein französischer Mathematiker. Er starb im Alter von nur 20 Jahren bei einem Duell, erlangte allerdings durch seine Arbeiten zur Lösung algebraischer Gleichungen, der so genannten Galoistheorie, postum Anerkennung. Am Morgen des 30. Mai 1832 erlitt Galois bei einem Pistolenduell in der Nähe des Sieur Faultrier einen Bauchdurchschuss, wurde von seinem Gegner und seinem eigenen Sekundanten allein zurückgelassen, Stunden später von einem Bauern aufgefunden und in ein Krankenhaus gebracht, wo er Tags darauf in den Armen seines Bruders Alfred starb. Der Duellgegner war ein republikanischer Gesinnungsgenosse, Perschin d'Herbinville, und nicht, wie gelegentlich vorgebracht, ein agent provocateur der Regierung. Der Anlass für das Duell war ein Mädchen, Stéphanie-Félicie Poterine du Motel, die Tochter eines am Sieur Faultrier tätigen Arztes. In der Nacht vor seinem Duell schrieb er einen Brief an seinen Freund Auguste Chevalier, in dem er diesem die Bedeutung seiner mathematischen Entdeckungen ans Herz legte und ihn bat, seine Manuskripte Carl Friedrich Gauß und Carl Gustav Jacob Jacobi vorzulegen; außerdem fügte er Randbemerkungen wie "mir fehlt die Zeit" in seine Schriften ein. Chevalier schrieb Galois' Arbeiten ab und brachte sie unter den Mathematikern seiner Zeit in Umlauf, u. a. auch an Gauß und Jacobi, von denen aber keine Reaktion bekannt ist. Die Bedeutung der Schriften erkannte erst 1843 Joseph Liouville, der den Zusammenhang mit Cauchys Theorie der Permutationen sah und sie in seinem Journal veröffentlichte. Galois begründete die heute nach ihm benannte Galoistheorie, die sich mit der Auflösung algebraischer Gleichungen, d.h. mit der Faktorisierung von Polynomen befasst. Das damalige Grundproblem der Algebra umfasste die allgemeine Lösung algebraischer Gleichungen mit Radikalen (d.h. Wurzeln im Sinne von Potenzen mit gebrochenen Exponenten), wie sie für Gleichungen zweiten, dritten und vierten Grades schon länger bekannt waren. Galois erkannte die dahinter stehenden Konstruktionen der Gruppentheorie, nachdem schon Niels Henrik Abel bewiesen hatte, dass eine allgemeine polynomiale Gleichung von höherem Grad als 4 im Allgemeinen nicht durch Radikale aufgelöst werden kann. Galois untersuchte Gruppen von Vertauschungen der Nullstellen des Gleichungspolynoms (auch Wurzeln genannt), insbesondere die sogenannte Galois-

so gibt es überhaupt keinen involutorischen Antiautomorphismus für den Oberkörper: jeder Antiautomorphismus ist ein Automorphismus, aber 2 teilt nicht die Ordnung der Galois-Gruppe.

Scharlau gibt in [14] ein Beispiel für eine assoziative nicht-kommutative Algebra an, für die es einen Antiautomorphismus, aber keinen involutorischen Antiautomorphismus gibt.

Schliesslich bemerken wir an, dass Morandi, Sethuramam und Tagnol in [10] ein Beispiel für eine Algebra angeben, in der es einen Antiautomorphismus, aber keinen involutorischen Antiautomorphismus gibt: in diesem Beispiel sind Antiautomorphismen keine linearen Abbildungen.⋄

8.3 Das Zentrum der Einheitengruppe von $K\Pi_n$

Proposition 13 *Sei A eine endlich-dimensionale assoziative unitäre K-Algebra.*

(i) Sind S, T unitäre Teilalgebren, so gilt $E(T \cap S) = E(T) \cap E(S)$.

(ii) Seien A auflösbar, $\mid K \mid \neq 2$, $A/rad(A)$ separabel mit Radikalkomplement T. Dann gelten $A = \langle E(A) \rangle_K$, $E(Z(A)) = Z(E(A))$ und $E(C_A(T)) = C_{E(A)}(E(T))$. Insbesondere ist A ein epimorphes Bild der Gruppenalgebra $K(E(A))$.

---

sche Gruppe G, deren Definition bei Galois noch ziemlich kompliziert war. In heutiger Sprache ist das die Gruppe der Automorphismen des Erweiterungskörpers L über dem Grundkörper, der durch Adjunktion aller Nullstellen definiert ist. Galois erkannte, dass sich die Untergruppen von G und die Unterkörper von L bijektiv entsprechen. Man zeigt dann zum Beispiel, dass im Falle der allgemeinen Gleichung 5. Grades für die zugehörige Gruppe keine Kompositionsreihe einer Kette von Normalteilern mit zyklischen Faktorgruppen existiert, die den Automorphismengruppen der durch Adjunktion von Wurzeln gebildeten Zwischenkörpern entsprechen. S_5 ist keine auflösbare Gruppe, da sie als echten Normalteiler nur die einfache Untergruppe A_5 enthält, die alternierende Gruppe der geraden Permutationen von 5 Objekten. Das verallgemeinert sich in dem Satz, dass für $n > 4$ die Symmetrische Gruppe einen Normalteiler besitzt, der nichtzyklisch und einfach ist, d.h. ohne nichttriviale Normalteiler. Daraus folgt die allgemeine Nichtauflösbarkeit von Gleichungen höheren als 4. Grades durch Radikale. Wegen dieser von ihm gefundenen Begriffe und Sätze ist Galois einer der Begründer der Gruppentheorie. In Anerkennung seiner grundlegenden Arbeit wurden die mathematischen Strukturen Galoiskörper, Galoisverbindung und Galoiskohomologie nach ihm benannt. Wie anderen, besonders berühmten Mathematikern ist auch ihm ein Symbol gewidmet: $GF(q)$ steht für Galois Field (endlicher Körper) mit q Elementen und ist in der Literatur so etabliert wie etwa die Gaußklammer oder das Kronecker-Symbol. Er lieferte damit auch die Grundlagen für Beweise der allgemeinen Unlösbarkeit von zwei der drei klassischen Probleme der antiken Mathematik, der Dreiteilung des Winkels und der Verdoppelung des Würfels (jeweils mit Zirkel und Lineal, also mit Quadratwurzeln und linearen Gleichungen). Diese Beweise können jedoch auch einfacher, also ohne Galoistheorie, geführt werden. Das dritte Problem, die Quadratur des Kreises, wurde durch den Beweis der Transzendenz von π durch Ferdinand Lindemann als nicht möglich gelöst. In dem Brief an Auguste Chevalier deutet Galois auch Arbeiten über elliptische Funktionen an.

Beweis: ad(i): Nach Lemma 5.6 in [19] gelten $E(T) = E(A) \cap T$, $E(S) = E(A) \cap S$ und $E(T \cap S) = E(A) \cap T \cap S$. Daraus folgt leicht (i).

ad(ii): Nach Remark 1 in [4] gilt $T = \langle E(T) \rangle_K$. Daraus folgt nun leicht $E(C_A(T)) = C_{E(A)}(E(T))$. Wegen $A = rad(A) \oplus T$ gilt nach Folgerung 1.1.8 in [20], dass $E(A)$ das semidirekte Produkt von $1+rad(A)$ und $E(T)$ ist. Daraus erhalten wir $\langle E(A) \rangle_K = A$ und damit nun leicht $E(Z(A)) = Z(E(A))$.◇

Korollar 6 *Seien K ein Körper, $n \in \mathbb{N}$ und $A := K\Pi_n$.*

(i) Der Schnitt aller Einheitengruppen der Radikalkomplemente von A ist die Einheitengruppe des Zentrums von A.

(ii) Für $\mid K \mid \neq 2$ ist der Schnitt aller Einheitengruppen der Radikalkomplemente von A das Zentrum der Einheitengruppe von A.

(iii) Der Schnitt aller Carter-Untergrupen von $E(A)$ ist die Einheitengruppe des Zentrums von A.

(iv) Für $\mid K \mid \neq 2$ ist der Schnitt aller Carter-Untergrupen von $E(A)$ das Zentrum der Einheitengruppe von A.

(v) Für $\mid K \mid \neq 2$ ist das Zentrum der Einheitengruppe von A gleich $E(K \cdot 1) = (K \setminus \{0\}) \cdot 1$.

(vi) Für $\mid K \mid = 2$ ist das Zentrum der Einheitengruppe von A gleich das Zentrum von $1 + rad(A)$.

Beweis: Nach Satz 2 ist A auflösbar und $A/rad(A)$ separabel. Mit Hilfe von Korollar 4, Satz 13 und Proposition 13 ergeben sich nun alle Aussagen.◇

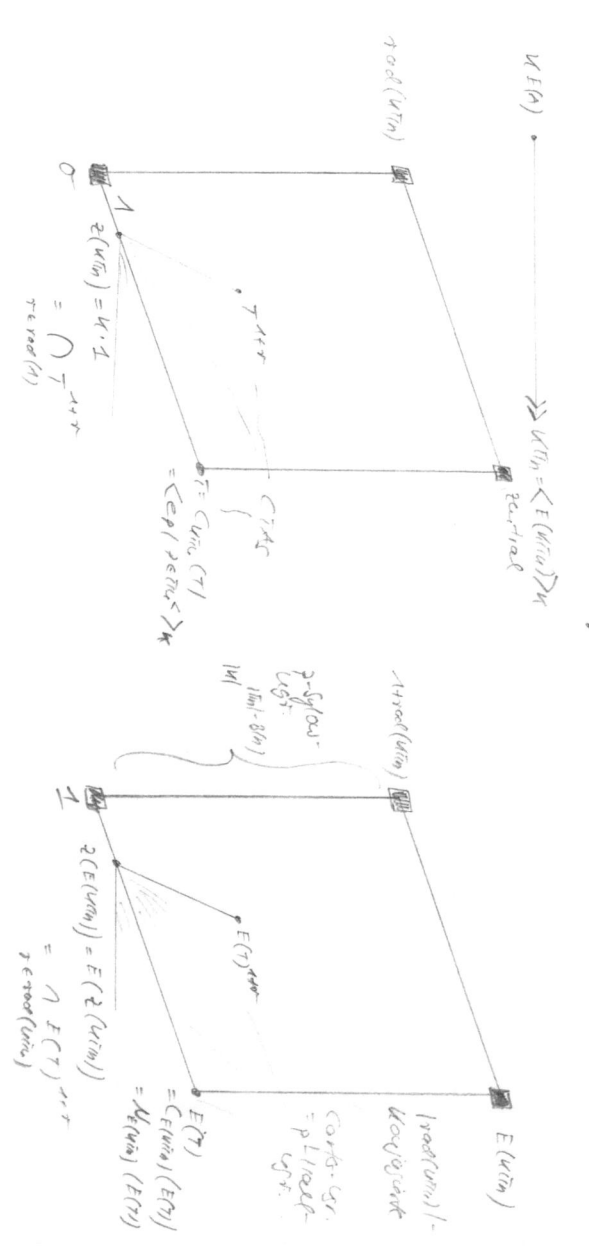

8.4 Offene Fragen

- Seien K ein Körper und M ein endliches idempotentes Monoid. Was ist das Zentrum von KM? Ist KM zentral? Ist KM direkt-unzerlegbar?

- Sei M ein endliches idempotentes Monoid. Was ist das Zentrum von M?

- Seien K ein Körper und M ein endliches idempotentes Monoid. Was ist das Zentrum der Einheitengruppe von KM?

- Seien K ein Körper und M ein endliches idempotentes Monoid. Was ist und welche Dimensionen haben die Zentralisatoren der Basiselemente von M in KM? Was gilt speziell für $M = \Pi_n$ für ein beliebiges $n \in \mathbb{N}$? Was gilt in diesem Fall für die Basiselemente von $\{e_P \mid P \in \Pi_n\}$?

- Seien K ein Körper und M ein endliches idempotentes Monoid. Was ist das Zentrum von $1 + rad(KM)$? Was gilt speziell für $M = \Pi_n$ für ein beliebiges $n \in \mathbb{N}$? Was ist (für einen endlichen Körper K der Charakteristik p) die Zerlegung dieser p-Gruppe in zyklische p-Gruppen?

- Seien K ein endlicher Körper und M ein endliches idempotentes Monoid. Was sind die Konjugiertenklassen von $E(KM)$? Welche davon bilden den Normalteiler $1 + rad(KM)$? Was gilt speziell für $M = \Pi_n$?

8.5 Übungsaufgaben

Übungsaufgabe 102 *Sei K ein Körper. Ist $K\Pi_3$ zentral?*

Übungsaufgabe 103 *Man beweise (ggfs. durch eine geeignete Literaturrecherche) den folgenden Satz von Adrian Albert: Sei A eine zentral-einfache assoziative endlich-dimensionale Algebra, die ein Antiautomorphismus besitzt. Dann besitzt A auch einen involutorischen Antiautomorphismus.*

Übungsaufgabe 104 *Sei K ein Körper. Was ist das Zentrum von $K\Pi_4$?*

Übungsaufgabe 105 *Sei K ein Körper. Man beschreibe das Zentrum von $E(K\Pi_5)$!*

Übungsaufgabe 106 *Was ist das Zentrum von Π_9?*

Übungsaufgabe 107 *Sei K ein Körper. Kann man $K\Pi_9$ als direktes Produkt mit nicht-trivialen Faktoren schreiben?*

Übungsaufgabe 108 *Was ist $(13, 564, 2) \vee (789, 10, 11)$?*

Übungsaufgabe 109 *Sei K ein Körper. Was ist der Schnitt aller maximal nilpotenten Teilalgebren von $(K\Pi_9)^\circ$?*

Übungsaufgabe 110 *Sei K ein Körper. Was ist der Schnitt aller Carter-Untergruppen von $E(K\Pi_9)$?*

Übungsaufgabe 111 *Seien K ein Körper und G eine Gruppe. Dann vermittelt das Invertieren auf G einen involutorischen Anti-Automorphismus auf KG!*

Übungsaufgabe 112 *Seien K ein Körper und $n \in \mathbb{N}$. Dann vermittelt das Transponieren einen involutorischen Anti-Automorphismus auf $K^{n \times n}$!*

Übungsaufgabe 113 *Wieviele Elemente sind assoziiert zu $(132, 45)$ in Π_5? Warum ist es nicht nur ein einziges?*

Übungsaufgabe 114 *Sei K ein Körper. Welche Elemente vertauschen mit $e_{(12,3)}$ in $K\Pi_3$? Welche Dimension hat dieser Teilraum?*

Übungsaufgabe 115 *Sei K ein Körper mit drei Elementen. Welche und wieviele Elemente vertauschen mit $1 + (12,3) - (3,12)$ in $E(K\Pi_3)$?*

Übungsaufgabe 116 *Seien K ein Körper mit zwei Elementen und $n \leq 3$. Was ist das Zentrum von $1+\mathrm{rad}(K\Pi_n)$? Ist die Antwort diegleiche für einen beliebigen Körper? Gibt es eine Vermutung für beliebiges n und K?*

Übungsaufgabe 117 *Seien K ein Körper, $n \in \mathbb{N}$ und A die Algebra der unteren Dreiecksmatrizen von $K^{n \times n}$.*

- *Was ist das Zentrum von A?*
- *Was ist das Zentrum von $E(A)$?*
- *Man übertrage die Analysen dieses Kapitels auf A und $E(A)$!*

Kapitel 9

Stagnation von Zentralreihen

Dieses Kapitel behandelt folgende Thematiken zur Stagnation von Zentralreihen:

- Stagnation der aufsteigenden Zentralreihe der assoziierten Lie-Algebra einer endlich-dimensionalen assoziativen unitären auflösbaren Algebra mit selbstzentralem Radikalkomplement bereits beim Zentrum der Algebra

- Stagnation der absteigenden Zentralreihe der assoziierten Lie-Algebra einer endlich-dimensionalen assoziativen unitären auflösbaren Algebra mit selbstzentralem Radikalkomplement bereits bei der Ableitung der Algebra

- Stagnation der aufsteigenden Zentralreihe der Einheitengruppe einer endlich-dimensionalen assoziativen unitären auflösbaren Algebra mit selbstzentralem Radikalkomplement bereits beim Zentrum der Einheitengruppe

- Konsequenzen für $K\Pi_n$ (die ein selbstzentrales Radikalkomplement besitzt) aus diesen drei allgemeiner analysierten Punkten

- Stagnation der absteigenden Zentralreihe der Einheitengruppe von $K\Pi_n$ und D_n bereits bei der Ableitung (mit Hilfe von Kommutatorrechnungen zu Pierce-Komponenten und eines Summen-Produkt-Lemmas, das eine K-Raum-Summe mit Hilfe von Kommutatoren aus der Einheitengruppe darstellt).

9.1 Stagnation von Lie-Zentralreihen

Definitionen 10 Sei L eine Lie-Algebra und G eine Gruppe. Ist $S \in \{L, G\}$, so sei für alle $n \in \mathbb{N}_0$ mit $Z_n(S)$ bzw. $S^{(n)}$ das n-te Glied der aufsteigenden bzw. absteigenden Zentralreihe von S bezeichnet. Speziell sei $S' := [S, S] :=$

$S^{(1)}$ die Ableitung von S. Für Teilmengen X, Y von S schreiben wir auch $[X, Y]$ für den Kommutator von X und Y. Ist S nilpotent, so sei $cl(S)$ die Nilpotenzklasse von S.⋄

Ein selbstzentrales Radikalkomplement enthält das Zentrum. Bereits für derartige Algebren gilt:

Satz 14 *Seien K ein Körper und A eine endlich-dimensionale assoziative auflösbare K-Algebra. Es gebe eine Radikalkomplement T, das das Zentrum von A enthält. Dann gilt für alle $n \in \mathbb{N}$ die Identität $Z_n(A^\circ) = Z(A)$.*

Beweis: Wir zeigen $Z_2(A^\circ) = Z(A)$, woraus die Behauptung folgt. Per Definition gilt $Z(A) \subseteq Z_2(A^\circ)$. Sei $z \in Z_2(A^\circ)$, also $z \circ A \subseteq Z(A) \subseteq T$. Aus der Auflösbarkeit von A erhalten wir andererseits $z \circ A \subseteq A \circ A \subseteq rad(A)$. Also gilt $z \circ A = 0$ und damit $z \in Z(A)$.⋄

Korollar 7 *Seien K ein Körper und $n \in \mathbb{N}$. Dann gilt für alle $r \in \mathbb{N}$ die Identität $Z_r((K\Pi_n)^\circ) = \langle 1 \rangle_K$.*

Beweis: Dieses Korollar folgt direkt aus den Sätzen 14, 9 und 13.⋄

Satz 15 *Seien K ein Körper und A eine endlich-dimensionale assoziative auflösbare unitäre über K zerfallende K-Algebra, für die es ein selbstzentrales Radikalkomplement gibt. Dann gilt für alle $n \in \mathbb{N}$ die Identität $(A^\circ)^{(n)} = rad(A)$.*

Beweis: Seien $e_1, \cdots, e_n$ paarweise orthogonale Idempotente von A, so dass $T := \langle e_1, \cdots, e_n \rangle_K$ ein Radikalkomplement ist. Gibt es ein selbstzentrales Radikalkomplement, so sind wegen des Satzes von Wedderburn-Malcev alle Radikalkomplemente selbstzentral. Insbesondere ist dann T selbstzentral, und aus Lemma 5 erhalten wir $rad(A) = \bigoplus_{\substack{i \neq j = 1}}^{n} e_i A e_j$ und $T = \bigoplus_{i=1}^{n} e_i A e_i$. Da A auflösbar ist, gilt $A \circ A \subseteq rad(A)$. Seien $i, j \in \mathbb{N}$ mit $i \neq j$ und $a \in A$. Es gilt $(e_i a e_j) \circ e_j = e_i a e_j$. Aus dieser Gleichung erhalten wir leicht $rad(A) \subseteq rad(A) \circ A \subseteq A \circ A \subseteq rad(A)$. Somit gilt $A \circ A = rad(A) = rad(A) \circ A$, und es folgt die Behauptung.⋄

Korollar 8 *Seien K ein Körper und $n \in \mathbb{N}$. Dann gilt für alle $r \in \mathbb{N}$ die Identität $((K\Pi_n)^\circ)^{(r)} = rad(K\Pi_n)$.*

Beweis: Dieses Korollar folgt direkt aus den Sätzen 15 und 9.⋄

9.2 Stagnation von Gruppen-Zentralreihen

Satz 16 *Seien K ein Körper mit mindestens drei Elementen, A eine assoziative endlich-dimensionale unitäre auflösbare K-Algebra und T ein selbstzentrales Radikalkomplement. Dann gilt für alle $n \in \mathbb{N}$ die Identität $Z_n(E(A)) = Z(E(A))$.*

Beweis: Die Algebra A wird von $rad(A)$ und $T = C_A(T)$ semidirekt zerlegt. Aus Folgerung 1.1.8 in [20] erhalten wir, dass die Einheitengruppe $E(A)$ von $1+rad(A)$ und $E(T) = E(C_A(T))$ semidirekt zerlegt wird. Da A auflösbar – also T kommutativ – ist, liegt die Ableitung von $E(A)$ in dem Normalteiler $1 + rad(A)$. Wir zeigen nun $Z_2(E(A)) = Z(E(A))$, woraus die Behauptung folgt. Sei $g \in Z_2(E(A))$, also $[g, E(A)] \subseteq Z(E(A))$. Da der Körper mindestens drei Elemente besitzt, erhalten wir aus Proposition 13 die Gleichung $Z(E(A)) = E(Z(A))$. Somit gilt $[g, E(A)] \subseteq E(Z(A)) \subseteq E(C_A(T)) = E(T)$. Andererseits gilt $[g, E(A)] \subseteq [E(A), E(A)] \subseteq 1 + rad(A)$. Insgesamt folgt nun $[g, E(A)] \subseteq (1 + rad(A)) \cap E(T) = 1$, und damit ist g zentral in $E(A)$.⋄

Korollar 9 *Seien K ein Körper mit mindestens drei Elementen und $n \in \mathbb{N}$. Dann gilt für alle $r \in \mathbb{N}$ die Identität $Z_r(E(K\Pi_n)) = Z(E(K\Pi_n)) \cong K \setminus \{0\}$.*

Beweis: Dieses Korollar folgt direkt aus den Sätzen 16 und 9.⋄

Bemerkung 17 *Seien $K = GF(2)$ und $n \in \mathbb{N}$. Dann besteht die Einheitengruppe von $K\Pi_n$ nur aus den Einheiten $1 + rad(K\Pi_n)$, also ist sie nilpotent. In diesem Fall zeigt sich ein völlig anderes Bild als das in Korollar 9. Die aufsteigende Zentralreihe stagniert nicht vor Erreichen der ganzen Gruppe: die Frage nach der Nilpotenzklasse wird in dem Kapitel **Nilpotenzklassen und auflösbare Stufen** – allerdings mittels der absteigenden Zentralreihe – beantwortet.*⋄

Korollar 10 *Seien $n \in \mathbb{N}$ und K ein Körper der Charakteristik 0. Dann gilt für alle $r \in \mathbb{N}$ die Identität $Z_r(E(D_n)) = Z(E(D_n))$.*

Beweis: Dieses Korollar folgt direkt aus den Sätzen 16 und 5.1 in [3].⋄

9.3 Ein Summen-Produkt-Lemma

Definition 1 *Ist A eine K-Algebra, so definieren wir $a * b := a + b + ab$ für alle $a, b \in A$ und nennen, Bartel Leendert van der Waerden folgend, $*$ die Sternverknüpfung auf A.*⋄ [1]

---
[1] Bartel Leendert van der Waerden (geboren am 2. Februar 1903 in Amsterdam; gestorben am 12. Januar 1996 in Zürich) war ein niederländischer Mathematiker. Van der Waerden wurde als Sohn eines Mathematiklehrers geboren und zeigte schon früh mathe-

Bemerkung 18 Für jede assoziative K-Algebra A gelten:

(i) $(A; *)$ ist ein Monoid mit neutralem Element 0_A.

(ii) Ist A unitär, so ist die Abbildung $A \to A$, $a \mapsto 1_A + a$ ein Monoidisomorphismus von $(A; *)$ auf $(A; \cdot)$. ⋄

Definitionen 11 Ist A eine assoziative K-Algebra, so bezeichnen wir mit $Q(A)$ die Einheitengruppe des Monoids $(A; *)$ und für jedes $a \in Q(A)$ mit a' das Inverse von a in $Q(A)$. Die Elemente von $Q(A)$ nennen wir sternregulär oder auch quasiregulär und die Gruppe $Q(A)$ die Sterngruppe oder auch quasireguläre Gruppe von A. Ist zusätzlich A unitär, so sei $E(A)$ die Einheitengruppe von A. ⋄

Bemerkung 19 Für jede assoziative unitäre K-Algebra A gelten:

---

matische Begabung. 1919 begann er sein Studium der Mathematik in Amsterdam (u.a. bei Hendrik de Vries) und ging dann nach Göttingen, wo er u.a. bei Emmy Noether studierte. 1928 wurde er Professor in Groningen. Von 1931 bis 1945 war er Professor am Mathematischen Institut der Universität Leipzig und dessen Direktor. Die gleichzeitige Anwesenheit Werner Heisenbergs und ein Interesse für Quantenmechanik hatten ihn dorthin gezogen. Das Buch "Die gruppentheoretische Methode in der Quantenmechanik" entstand dort aus gemeinsamen Seminaren. In den 1940er Jahren bekam er in Deutschland Schwierigkeiten, da er seine niederländische Staatsbürgerschaft nicht aufgeben wollte. Nach dem Krieg arbeitete er für Shell in Amsterdam, ging an die US-amerikanische Johns Hopkins University und war 1948 bis 1951 Professor in Amsterdam. Danach ging er an die Universität Zürich und lehrte dort von 1951 bis 1972. Bekannt wurde er durch sein zweibändiges Lehrbuch der Algebra, dessen erste Auflage 1930 unter dem Titel "Moderne Algebra" erschien und auf den Vorlesungen von Emil Artin und Emmy Noether basiert. Als erstes Lehrbuch vollzog es die im frühen 20. Jahrhundert stattfindende Wandlung der Algebra weg von konkreten Rechentechniken hin zur Untersuchung abstrakter Strukturen konsequent nach. Dies machte es für viele Jahrzehnte zu einem einflussreichen Standardwerk. In einer langen Artikelserie in den Mathematischen Annalen versuchte er die Algebraische Geometrie der italienischen Schule um Francesco Severi, Federigo Enriques u.a. und den Abzählenden Kalkül von Hannibal Schubert auf eine strenge rein algebraische Basis zu stellen, wurde hierin aber von André Weil u.a. überholt. Er befasste sich auch mit der Anwendung der Elementargeometrie, den Axiomen der Geometrie, Statistik, Topologie, Zahlentheorie und anderem, so dass man ihn als einen der letzten Generalisten der Mathematik bezeichnen kann. Gleichzeitig mit Ernst Witt u.a. gab er eine geometrische Beschreibung der Klassifikation der Lie-Algebren. Der Satz von Van der Waerden ist ein wichtiger Satz der Ramsey-Theorie, einem Gebiet der Kombinatorik. Mit Kurt Schütte bewies er 1953 das Kusszahl-Problem in drei Dimensionen, dass sich eine Zentralkugel maximal mit zwölf weiteren gleich großen Kugeln berühren kann. Vermutet hatte dies schon Isaac Newton, während David Gregory meinte, es wären 13. Außerdem war er auch ein führender Wissenschaftshistoriker, der sich insbesondere mit griechischer Mathematik und der Geschichte der Algebra befasste. Van der Waerden wurde am 12. Januar 1996 zum Ehrenmitglied der Sächsischen Akademie der Wissenschaften gewählt. Er war lange Zeit Herausgeber der Mathematischen Annalen. 1970 war er Invited Speaker auf dem Internationalen Mathematikerkongress in Nizza (The foundation of algebraic geometry from Severi to André Weil). Zu seinen Doktoranden zählen Hans Richter, Wei-Liang Chow, David van Dantzig, Erwin Neuenschwander, Günther Frei, Guerino Mazzola und Herbert Seifert.

(i) Die Einschränkung der Abbildung $A \to A$, $a \mapsto 1_A + a$ auf $Q(A)$ ist ein Gruppenisomorphismus von $Q(A)$ auf $E(A)$.

(ii) Ist A ein Körper, so gelten $E(A) = A \setminus \{0\}$ und $Q(A) = A \setminus \{-1\}$.

(iii) Sind $a, b \in E(A)$, so gilt $[a,b] = 1 + a^{-1}b^{-1}(a \circ b)$. ⋄

Proposition 14 *Seien A eine assoziative unitäre K-Algebra, $k \in Q(K)$, $e, x, f \in A$ sowie $a := 1 + exf$ und $b := 1 + ke$.*

(i) Sind e, f orthogonal zueinander, so ist a invertierbar mit Inversem $a^{-1} = 1 - exf$.

(ii) Ist e ein Idempotent von A, so ist b invertierbar mit Inversem $b^{-1} = 1 + k'e$.

(iii) Sind e, f orthogonale Idempotente von A, so gilt $[a,b] = 1 + e((-1)(kk'))x)f$.

Beweis: ad(i): Dies folgt leicht aus der Orthogonalität von e und f sowie den binomischen Formeln.

ad(ii): Es gilt wegen $k \in Q(K)$ und $e^2 = e$:

$$(1 + ke)(1 + k'e)$$
$$= 1 + k'e + ke + kk'e^2$$
$$= 1 + (k + k' + kk')e$$
$$= 1 + (k * k')e$$
$$= 1 + 0e$$
$$= 1.$$

ad(iii): Zunächst folgt aus Idempotenz und Orthogonalität:

$$a \circ b$$
$$= (1 + exf) \circ (1 + ke)$$
$$= (exf) \circ (ke)$$
$$= (exf) \cdot (ke) - (ke) \cdot (exf)$$
$$= -kexf.$$

Daraus erhalten wir mit (i), (ii) und Bemerkung 19:

$$[a,b]$$
$$= 1 + a^{-1}b^{-1}(a \circ b)$$
$$= 1 + (1 - exf)(1 + k'e)(-kexf)$$

$$\begin{aligned}
&= 1 + (1-exf)(-kexf - k'e^2xf) \\
&= 1 + (1-exf)(-1)(k+k')exf \\
&= 1 - (kk')exf \\
&= 1 + e((-1)kk'x)f. \diamond
\end{aligned}$$

In dem folgenden Lemma stellen wir einen wichtigen Zusammenhang zwischen einem K-linearen Erzeugnis und einem Gruppenerzeugnis her. Dieser ist zentral für das Studium der Stagnation der absteigenden Zentralreihe der Einheitengruppen von D_n und $K\Pi_n$.

Lemma 7 *(Summen-Produkt-Lemma) Seien A eine assoziative unitäre K-Algebra, I eine endliche Menge, $e_i, i \in I$ paarweise orthogonale Idempotente von A, $T := \bigoplus_{i \neq j \in I} e_i A e_j$ und $n := |\ I\ |$. Es existiere eine Funktion $f : I \to \mathbb{N}_0$, so dass für alle $i \neq j \in I$ aus $e_i A e_j \neq 0$ schon $f(i) < f(j)$ folgt. Für alle $i \neq j \in I$ seien $a_{i,j} \in A$ und $t := \sum_{i \neq j \in I} e_i a_{i,j} e_j$. Dann gibt es zu jedem $s \in \underline{n^2}$ ein $x_s \in \{e_i a_{i,j} e_j\ |\ i \neq j \in I\} \cup \{0\}$, so dass $1 + t = (1+x_1)\cdots(1+x_{n^2})$ gilt.*

Beweis: *Schritt 1:* Zunächst sortieren wir die das Element t definierende Summe um. Dazu sei $m := max\{f(i)\ |\ i \in I\}$. Es gilt

$$\begin{aligned}
&1 + t \\
&= 1 + \sum_{i \neq j \in I} e_i a_{i,j} e_j \\
&= 1 + \sum_{s=m}^{1} \sum_{\substack{j \in I \\ f(j)=s}} \sum_{\substack{i \in I\setminus\{j\} \\ e_i a_{i,j} e_j \neq 0}} e_i a_{i,j} e_j.
\end{aligned}$$

Schritt 2: Sei $j \in I$. Da die Idempotenten $e_i, i \in I$ paarweise orthogonal zueinander sind, gilt die Gleichung

$$1 + \sum_{\substack{i \in I\setminus\{j\} \\ e_i a_{i,j} e_j \neq 0}} e_i a_{i,j} e_j$$
$$= \prod_{\substack{i \in I\setminus\{j\} \\ e_i a_{i,j} e_j \neq 0}} (1 + e_i a_{i,j} e_j).$$

Schritt 3: Sei $s \in \underline{m}$, und seien $j_{r_1}, \cdots, j_{r_s}$ die Elemente von I, deren Funktionswert unter f genau s ist. Dann gilt die Gleichung

$$1 + \sum_{\substack{j \in I \\ f(j)=s}} \sum_{\substack{i \in I\setminus\{j\} \\ e_i a_{i,j} e_j \neq 0}} e_i a_{i,j} e_j$$
$$= \prod_{\substack{i \in I \\ e_i a_{i,j_{r_1}} e_{j_{r_1}} \neq 0}} (1 + e_i a_{i,j_{r_1}} e_{j_{r_1}}) \cdots \prod_{\substack{i \in I \\ e_i a_{i,j_{r_s}} e_{j_{r_s}} \neq 0}} (1 + e_i a_{i,j_{r_s}} e_{j_{r_s}})$$

, denn: Seien $x, y \in \underline{s}$, mit $x < y$ und $i \in I$ mit $e_i a_{i,j_{r_y}} e_{j_{r_y}} \neq 0$. Dann muss $e_{j_{r_x}}$ von e_i verschieden sein, denn es gilt $f(i) < f(j_{r_y}) = f(j_{r_x}) = s$. Nun folgt diese Teilbehauptung aus der Orthogonalität der Idempotenten $e_i, i \in I$ und Schritt 2.

Schritt 4: Zu jedem $s \in \underline{m}$ seien $j_{s,1}, \cdots, j_{s,r_s}$ diejenigen Elemente aus I, deren f-Wert genau s ist. Für alle $i \neq j \in I$ sei $z_{i,j} := e_i a_{i,j} e_j$. Dann gilt:

$$1 + \sum_{\substack{s=m \\ }}^{1} \sum_{\substack{j \in I \\ f(j)=s}} \sum_{\substack{i \in I\setminus\{j\} \\ z_{i,j} \neq 0}} e_i a_{i,j} e_j$$

$$= \prod_{\substack{i \in I \\ z_{i,j_{m,1}} \neq 0}} (1 + e_i a_{i,j_{m,1}} e_{j_{m,1}}) \cdots \prod_{\substack{i \in I \\ z_{i,j_{m,r_m}} \neq 0}} (1 + e_i a_{i,j_{m,r_m}} e_{j_{m,r_m}})$$

$$\cdot \prod_{\substack{i \in I \\ z_{i,j_{m-1,1}} \neq 0}} (1 + e_i a_{i,j_{m-1,1}} e_{j_{m-1,1}}) \cdots \prod_{\substack{i \in I \\ z_{i,j_{m-1,r_{m-1}}} \neq 0}} (1 + e_i a_{i,j_{m-1,r_{m-1}}} e_{j_{m-1,r_{m-1}}})$$

$$\cdot \quad \cdots \quad \cdot$$

$$\cdot \prod_{\substack{i \in I \\ z_{i,j_{1,1}} \neq 0}} (1 + e_i a_{i,j_{1,1}} e_{j_{1,1}}) \cdots \prod_{\substack{i \in I \\ z_{i,j_{1,r_1}} \neq 0}} (1 + e_i a_{i,j_{1,r_1}} e_{j_{1,r_1}})$$

, denn: Sei $1 \leq y \leq t \leq m$, $u \in \underline{r_y}$ und $v \in \underline{r_t}$. Wir betrachten $e_{j_{t,v}}$ und e_i mit $i \in I$ und $e_i a_{i,j_{y,u}} e_{j_{y,u}} \neq 0$. Wegen $t \leq y$ und nach Voraussetzung gilt dann $f(i) < f(j_{y,u}) = y \leq t = f(j_{t,v})$. Also sind e_i und $e_{j_{t,v}}$ verschieden. Mit der Orthogonalität und Schritt 3 folgt nun die Behauptung.◇

9.4 Stagnation der absteigenden Zentralreihe der Einheitengruppe von $K\Pi_n$ und D_n

Satz 17 *Seien $n \in \mathbb{N}$, K ein Körper mit mindestens drei Elementen und T ein Radikalkomplement von $K\Pi_n$. Dann gilt für alle $r \in \mathbb{N}$ die Identität $E(K\Pi_n)^{(r)} = 1 + rad(K\Pi_n) = [1 + rad(K\Pi_n), E(T)]$.*

Beweis: Seien $A := K\Pi_n$ und $T := \langle e_P \mid P \in \Pi_n^< \rangle_K$. Nach Satz 3 ist T ein kommutatives Radikalkomplement, und nach Satz 6.4 in [16] gilt $rad(A) = \bigoplus_{\substack{P,Q \in \Pi_n^< \\ Q < P}} e_P A e_Q$. Aus Folgerung 1.1.8 in [20] erhalten wir, dass der Normalteiler $1 + rad(A)$ und die abelsche Untergruppe $E(T)$ die Einheitengruppe von A semidirekt zerlegen. Insbesondere gilt $E(A)' \leq 1 + rad(A)$. Mit Hilfe von Proposition 14 und Lemma 7 wollen wir einsehen, dass $1 + rad(A)$ in $[1 + rad(A), E(T)]$ liegt. Daraus folgt dann offenbar die Behauptung. Zunächst wenden wir Proposition 14 an. Seien $P, Q \in \Pi_n^<$ mit $P \neq Q$ und $a \in A$. Wir wählen ein Element $k \in Q(K)$ mit $k \neq 0$. Dieses existiert wegen

$|K| \geq 3$. Nach Proposition 14 gilt nun mit $x := (-1)(kk')^{-1}a$ die Gleichung $[1 + e_P x e_Q, 1 + k e_P] = 1 + e_P a e_Q$. Daraus und erneut nach Proposition 14 folgt nun $(\star)$ $1 + e_P A e_Q \leq [1 + rad(A), E(T)]$.
Schliesslich wenden wir Lemma 7 an. Seien $P \neq Q \in \Pi_n^{\leq}$ mit $e_P A e_Q \neq 0$. Dann muss nach Theorem 6.4 in [16] schon $Q < P$ gelten. Sei $Q := (Q_1, \cdots Q_r)$ und $P := (P_1, \cdots P_t)$. Per Definition gibt es dann zu jedem $i \in \underline{r}$ ein $j \in \underline{t}$ mit $Q_i \subseteq P_j$. Da Q und P Mengenpartitionen von $\underline{n}$ sind, muss schon $l(P) \leq l(Q)$ gelten. Wäre $l(P) = l(Q)$, so wären P und Q wegen $Q \leq P$ schon assoziiert. Aber dann folgte aus $P, Q \in \Pi_n^{\leq}$ schon $P = Q$. Also muss $l(P) < l(Q)$ gelten. Die Funktion f in Lemma 7 ist also die Längenfunktion l. Damit und mit $(\star)$ erhalten wir nun die Behauptung.◇

Satz 18 *Seien $n \in \mathbb{N}$, K ein Körper der Charakteristik Null und T ein Radikalkomplement von D_n. Dann gilt für alle $r \in \mathbb{N}$ die Identität $E(D_n)^{(r)} = 1 + rad(D_n) = [1 + rad(D_n), E(T)]$.*

Beweis: Wir benutzen im Folgenden die Bezeichnungen aus der Dissertation [3] von Thorsten Bauer. Sei $A := D_n$ die Solomon-Algebra und $T := H_n = \langle \nu^p \mid p \vdash n \rangle_K$ ein Radikalkomplement wie in Lemma 3.4 in [3]. Nach Lemma 3 ist T ein kommutatives Radikalkomplement, und nach Satz 3.5 in [3] gilt $rad(A) = \bigoplus_{\substack{p,q \vdash n \\ p \neq q}} \nu^p A \nu^q$. Dabei ist $\nu^p A \nu^q$ genau dann ungleich Null, wenn q zu einer einer potenzfreien Zerlegung von p assoziiert ist (siehe Satz 3.5 in [3]). Aus Folgerung 1.1.8 in [20] erhalten wir, dass der Normalteiler $1 + rad(A)$ und die abelsche Untergruppe $E(T)$ die Einheitengruppe von A semidirekt zerlegen. Insbesondere gilt $E(A)' \leq 1 + rad(A)$. Mit Hilfe von Proposition 14 und Lemma 7 wollen wir einsehen, dass $1 + rad(A)$ in $[1 + rad(A), E(T)]$ liegt. Daraus folgt dann offenbar die Behauptung.
Zunächst wenden wir Proposition 14 an. Seien $p, q \vdash n$ und q eine Zerlegung von p sowie $a \in A$. Wir wählen ein Element $k \in Q(K)$ mit $k \neq 0$. Dieses existiert wegen $|K| \geq 3$. Nach Proposition 14 gilt nun mit $x := (-1)(kk')^{-1}a$ die Gleichung $[1 + \nu^p x \nu^q, 1 + k \nu^q] = 1 + \nu^p a \nu^q$. Daraus und erneut nach Proposition 14 folgt nun $(\star)$ $1 + \nu^p A \nu^q \leq [1 + rad(A), E(T)]$.
Schliesslich wenden wir Lemma 7 an. Seien $p \neq q \vdash n$ und q asssoziiert zu einer potenzfreien Zerlegung von p. Per Definiton gilt dann insbesondere $|p| \leq |q|$. Da p und q zwei verschiedene Partitionen sind und es in jeder Assoziiertenklasse nur eine Partition gibt, muss sogar die Länge von p echt kleiner als die von q sein. Die Funktion f in Lemma 7 ist also die Längenfunktion $|.|$. Damit und mit $(\star)$ erhalten wir nun die Behauptung.◇

· Kapitel 9 ·

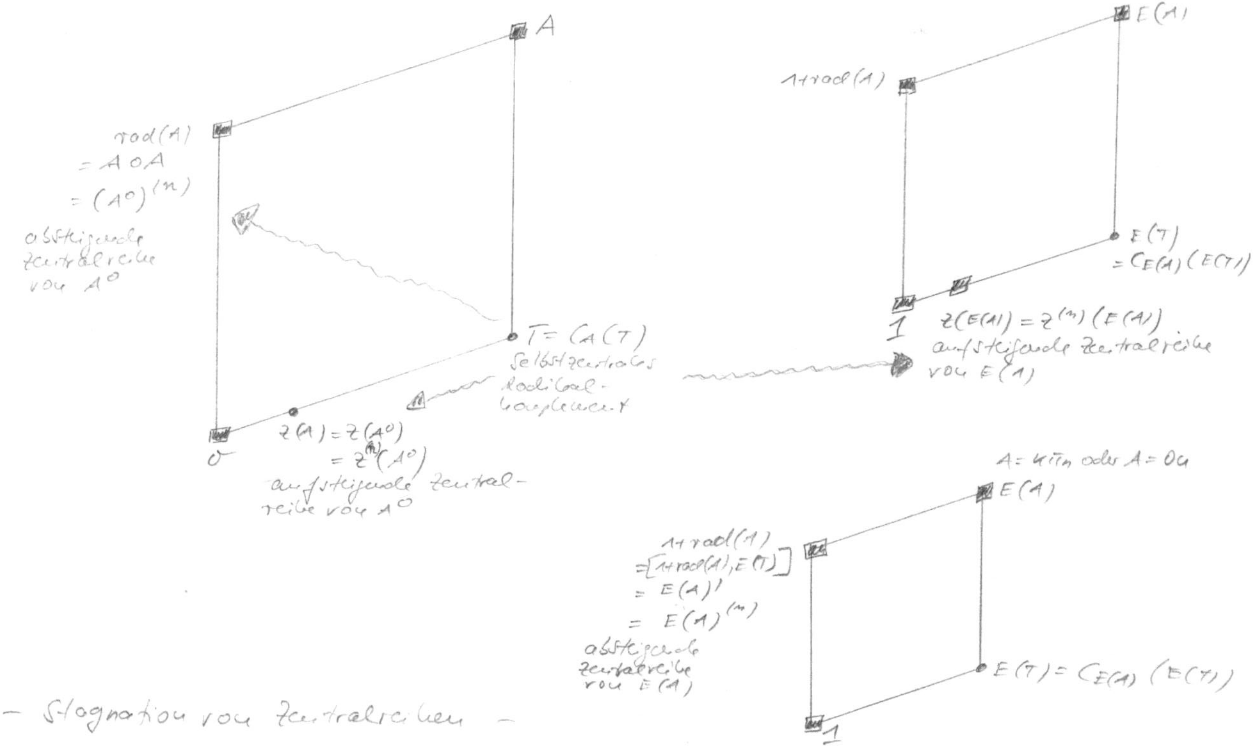

– Stagnation von Zentralreihen –

9.5 Offene Fragen

- Seien K ein Körper und A eine endlich-dimensionale assoziative unitäre (auflösbare) K-Algebra. Was ist die aufsteigende Lie-Zentralreihe von $A°$? Bei welchem Schritt stagniert sie?

- analoge Fragen zur absteigenden Lie-Zentralreihe

- analoge Fragen zur aufsteigenden Zentralreihe der zugehörigen Einheitengruppe

- analoge Fragen zur absteigenden Zentralreihen der zugehörigen Einheitengruppe

- Wenn eine dieser vier Zentralreihen nach dem r-ten Schritt stagniert, stagnieren dann alle nach dem r-ten Schritt? Man vergleiche diese Fragestellung mit dem Satz von Xiankun Du (siehe [8]).

- Können die Ergebnisse dieses Kapitels und allgemeiner dieses Buches auf den modularen Fall der Solomon-Algebra übertragen werden?

9.6 Übungsaufgaben

Übungsaufgabe 118 *Man beweise Bemerkung 18!*

Übungsaufgabe 119 *Man beweise Bemerkung 19!*

Übungsaufgabe 120 *Sei K ein Körper. Man bestimme die aufsteigende Zentralreihe von $(K\Pi_3)°$!*

Übungsaufgabe 121 *Sei K ein Körper. Man bestimme die absteigende Zentralreihe von $(K\Pi_4)°$!*

Übungsaufgabe 122 *Sei K ein Körper. Man bestimme die aufsteigende Zentralreihe von $E(K\Pi_3)$!*

Übungsaufgabe 123 *Sei K ein Körper mit mindestens drei Elementen. Man bestimme die absteigende Zentralreihe von $E(K\Pi_5)$!*

Übungsaufgabe 124 *Seien K ein Körper und $k \in K$ mit $k \neq -1$. Dann ist k quasiregulär. Was ist das Quasi-Inverse von k? Welcher Zusammenhang zu k^{-1} besteht für k'? Ist 0 invertierbar oder quasi-regulär? Was gilt für 1 und -1?*

Übungsaufgabe 125 *Seien A eine assoziative unitäre K-Algebra und r ein nilpotentes Element von A. Dann ist r quasiregulär und $1 + r$ invertierbar. Man bestimme das Quasi-Inverse von r und das Inverse von $1 + r$. Welcher Zusammenhang besteht zwischen diesen beiden Elementen? (Tip: geometrische Summenformel und Nilpotenz von r)*

Übungsaufgabe 126 *Seien A eine assoziative K-Algebra und I ein nilpotentes Ideal von A. Dann ist I ein nilpotenter Normalteiler der Sterngruppe von A.*

Übungsaufgabe 127 *Seien K ein Körper der Charakteristik p und G eine p-Gruppe. Dann gilt $rad(KG) = Aug(KG)$, und es ist $(KG)^\circ$ nilpotent. In dem Fall $p = 2$ bestimme man die Anzahl der Elemente von KG, $E(KG)$ und $1 + rad(KG)$ für einen endlichen Körper K und G die Quaternionengruppe mit 8 Elementen. Was ist in diesem Fall die Nilpotenzklasse von $(KG)^\circ$? Was ist die von $E(KG)$? (Tip: Satz von Xiankun Du (siehe [8]) und [20])*

Übungsaufgabe 128 *Seien K ein Körper und $n \in \underline{3}$. Was ist die Nilpotenzklasse von $1 + rad(K\Pi_n)$? Gibt es eine Vermutung für allgemeines n?*

Übungsaufgabe 129 *Man analysiere die in diesem Kapitel angesprochenen Thematiken zu diversen Stagnationen für die Algebra der unteren Dreiecksmatrizen! Ein Übergang von Summen zu Produken ist in der Arbeit [19] enthalten. Gliedert sich dieser Zusammenhang dem Summen-Produkt-Lemma unter?*

Kapitel 10

Nilpotenzklassen und auflösbare Stufen

Dieses Kapitel behandelt folgende Thematiken zu Nilpotenzklassen und auflösbaren Stufen:

- Ermittlung des Lie-Produktes von k und l-stelligen assoziativen Radikalpotenzen der assoziierten Lie-Algebra einer endlich-dimensionalen assoziativen unitären auflösbaren Algebra A mit selbstzentralem diagonalisierbarem Radikalkomplement

- Bestimmung der absteigenden Zentralreihe von $rad(A)^\circ$

- Rückführung der Nilpotenzklassen von $rad(A)^\circ$ auf die von $rad(A)$

- Bestimmung der Kommutatorreihen von $rad(A)^\circ$, A°, $rad(A)$ und A

- Beschreibung der auflösbaren Stufen dieser vier auflösbaren Strukturen mit Hilfe der Nilpotenzklasse von $rad(A)$

- Konsequenzen dieser Resultate für $K\Pi_n$ und D_n unter zu Hilfenahme der Sätze von Manfred Schocker und M. D. Atkinson über die Nilpotenzklasse der jeweiligen assoziativen Radikale

- Ermittlung des Kommutators von k und l-stelligen assoziativen um Eins verschobenen Radikalpotenzen von D_n und $K\Pi_n$ mit Hilfe des Summen-Produkt-Lemmas sowie Rückführung von gewissen Kommutatoren auf Lie-Produkte

- Berechnung der absteigenden Zentralreihen der Eins-Einheiten von D_n und $K\Pi_n$

- Rückführung der Nilpotenzklassen dieser Eins-Einheiten auf die der jeweiligen assoziativen Radikale

- Berechnung der absteigenden Kommutator-Reihen der Eins-Einheiten und der Einheitengruppen von D_n und $K\Pi_n$
- Rückführung der auflösbaren Stufen dieser vier Gruppen auf die der enstprechenden assoziativen und Lie-Strukturen.

10.1 Nilpotenzklassen und auflösbare Stufen der assoziierten Lie-Algebra

Definitionen 12 Sei S eine Gruppe oder eine K-Lie-Algebra. Für alle $n \in \mathbb{N}_0$ sei $S^{[n]}$ das n-te Glied der (absteigenden) Kommutatorreihe von S. Ist A eine assoziative K- Algebra, so sei die (absteigende) Kommutatorreihe von A folgendermassen definiert: $A^{[0]} := A$, $A^{[1]} := A'$ (das von $A \circ A$ erzeugte Ideal in A) und $A^{[n]} := (A^{[n-1]})'$ für alle $n \in \mathbb{N}_{\geq 2}$.
Ist S oder A auflösbar, so bezeichnen wir mit $st(S)$ bzw. $st(A)$ die auflösbare Stufe von S bzw. von A. Bekanntlich ist die absteigende Kommutatorreihe die kürzeste absteigende Kette mit abelschen Faktoren, was die auflösbare Stufe kennzeichnet und ihr ihren Namen verleiht.◇

Satz 19 *Seien K ein Körper und A eine endlich-dimensionale assoziative unitäre auflösbare über K zerfallende K-Algebra, für die es ein selbstzentrales Radikalkomplement gibt. Für alle $k, l \in \mathbb{N}$ gilt*

$$rad(A)^{<k>} \circ rad(A)^{<l>} = rad(A)^{<k+l>}.$$

Beweis: Seien $k, l \in \mathbb{N}$. Offenbar gilt $rad(A)^{<k>} \circ rad(A)^{<l>} \subseteq rad(A)^{<k+l>}$. Sei T ein selbstzentrales Radikalkomplement, etwa $T = \langle e_1, \cdots, e_n \rangle_K$ erzeugt von paarweise orthogonalen Idempotenten. Nach Lemma 5 gilt nun $rad(A) = \bigoplus_{i \neq j=1}^{n} e_i A e_j$ und $T = \bigoplus_{i=1}^{n} e_i A e_i$. Für alle $i \neq j \in \underline{n}$ sei $B_{i,j}$ eine Basis der Pierce-Komponente $e_i A e_j$. Die $k + l$-te Potenz des Radikals wird von $k+l$-stelligen assoziativen Produkten, deren Faktoren Elemente der Basen $B_{i,j}$ mit $i \neq j \in \underline{n}$ sind, K-linear erzeugt. Es genügt also zu zeigen, dass sämtliche dieser Erzeuger in $rad(A)^{<k>} \circ rad(A)^{<l>}$ enthalten sind. Sei $x := b_{i_1,j_1} \cdots b_{i_k,j_k}$ und $y := b_{i_{k+1},j_{k+1}} \cdots b_{i_{k+l},j_{k+l}}$, wobei $b_{i_s,j_s} \in B_{i_s,j_s}$ für alle $s \in \underline{k+l}$ gilt. Dann müssen wir $xy \in rad(A)^{<k>} \circ rad(A)^{<l>}$ zeigen. Für $j_{k+l} = i_1$ gilt $xy \in rad(A) \cap (e_{i_1} A e_{i_1}) \leq rad(A) \cap T = \{0\} \leq rad(A)^{<k>} \circ rad(A)^{<l>}$. Sei also $j_{k+l} \neq i_1$. Dann gilt aber $yx = 0$, also $xy = x \circ y \in rad(A)^{<k>} \circ rad(A)^{<l>}$.◇

Korollar 11 *Seien K ein Körper und A eine endlich-dimensionale assoziative unitäre auflösbare über K zerfallende K-Algebra, für die es ein selbstzentrales Radikalkomplement gibt.*

(i) Für alle $n \in \mathbb{N}$ gilt $rad(A)^{<n>} = (rad(A)^{\circ})^{(n)}$.

(ii) $cl(rad(A)) = cl(rad(A)^\circ) = cl(rad(A)^\star)$

(iii) Für alle $n \in \mathbb{N}$ gilt $(rad(A)^\circ)^{[n]} = rad(A)^{<2^n>}$.

(iv) $st(rad(A)) = st(rad(A)^\circ) = min\{l \in \mathbb{N} \mid 2^l \geq cl(rad(A))\} = \lfloor log_2(cl(rad(A))) \rfloor$

(v) Für alle $n \in \mathbb{N}$ gilt $(A^\circ)^{[n]} = rad(A)^{<2^{n-1}>}$.

(vi) $st(A) = st(A^\circ) = 1 + st(rad(A)) = 1 + min\{l \in \mathbb{N} \mid 2^l \geq cl(rad(A))\} = 1 + \lfloor log_2(cl(rad(A))) \rfloor$

Beweis: ad(i): Diese Aussage folgt direkt aus Satz 19.
ad(ii): Die erste Gleichheit ergibt sich aus (i), die zweite ist der Satz von Xiankun Du (siehe [8]).
ad(iii): Auch diese Aussage folgt direkt aus Satz 19.
ad(iv): Diese Aussage ist eine leichte Folgerung von (iii).
ad(v): Diese Aussage folgt aus (iii) und Satz 15, nach dem $A \circ A = rad(A)$ gilt.
ad(vi): Diese Aussage folgt aus (v) und (iv).⋄

Korollar 12 *Seien K ein Körper und $n \in \mathbb{N}$.*

(i) *Für alle $r \in \mathbb{N}$ gilt $rad(K\Pi_n)^{<r>} = (rad(K\Pi_n)^\circ)^{(r)}$.*

(ii) $cl(rad(K\Pi_n)) = cl(rad(K\Pi_n)^\circ) = cl(rad(K\Pi_n)^\star) = n$

(iii) *Für alle $r \in \mathbb{N}$ gilt $(rad(K\Pi_n)^\circ)^{[r]} = rad(K\Pi_n)^{<2^r>}$.*

(iv) $st(rad(K\Pi_n)) = st(rad(K\Pi_n)^\circ) = min\{l \in \mathbb{N} \mid 2^l \geq n\} = \lfloor log_2(n) \rfloor$

(v) *Für alle $r \in \mathbb{N}$ gilt $(K\Pi_n^\circ)^{[r]} = rad(K\Pi_n)^{<2^{r-1}>}$.*

(vi) $st(K\Pi_n) = st(K\Pi_n^\circ) = 1 + st(rad(K\Pi_n)) = 1 + min\{l \in \mathbb{N} \mid 2^l \geq n\} = 1 + \lfloor log_2(n) \rfloor$.

Beweis: Nach Lemma 5 und Lemma 6 ist das Radikalkomplement $\langle e_P \mid P \in \Pi_n^< \rangle_K$ selbstzentral. Manfred Schocker beweist in Corollary 7.4 in [16], dass die Nilpotenzklasse von $rad(K\Pi_n)$ genau n ist. Mit Korollar 11 folgt nun die Behauptung.⋄

In Tabelle 10.1 listen wir einige Nilpotenzklassen und auflösbare Stufen in Bezug auf die Solomon-Tits-Algebra auf.

Korollar 13 *Seien K ein Körper der Charakteristik Null und $n \in \mathbb{N}$.*

(i) *Für alle $r \in \mathbb{N}$ gilt $rad(D_n)^{<r>} = (rad(D_n)^\circ)^{(r)}$.*

(ii) $cl(rad(D_n)) = cl(rad(D_n)^\circ) = cl(rad(D_n)^\star) = n - 1$

n	$cl(rad(K\Pi_n))$	$cl(rad(K\Pi_n)^\circ)$	$st(rad(K\Pi_n))$	$st(rad(K\Pi_n)^\circ)$	$st(K\Pi_n)$	$st(K\Pi_n^\circ)$
1	1	1	1	1	2	2
2	2	2	1	1	2	2
3	3	3	2	2	3	3
4	4	4	2	2	3	3
5	5	5	3	3	4	4
6	6	6	3	3	4	4
7	7	7	3	3	4	4
8	8	8	3	3	4	4
9	9	9	4	4	5	5
10	10	10	4	4	5	5
11	11	11	4	4	5	5
12	12	12	4	4	5	5
13	13	13	4	4	5	5
14	14	14	4	4	5	5
15	15	15	4	4	5	5
16	16	16	4	4	5	5

Tabelle 10.1: Nilpotenzklassen und auflösbare Stufen für $K\Pi_n$ und $(K\Pi_n)^\circ$

(iii) Für alle $r \in \mathbb{N}$ gilt $(rad(D_n)^\circ)^{[r]} = rad(D_n)^{<2^r>}$.

(iv) $st(rad(D_n)) = st(rad(D_n)^\circ) = min\{l \in \mathbb{N} \mid 2^l \geq n-1\} = \lfloor log_2(n-1) \rfloor$.

(v) Für alle $r \in \mathbb{N}$ gilt $(D_n^\circ)^{[r]} = rad(D_n)^{<2^{r-1}>}$.

(vi) $st(D_n) = st(D_n^\circ) = 1 + st(rad(D_n)) = 1 + min\{l \in \mathbb{N} \mid 2^l \geq n-1\} = \lfloor log_2(n-1) \rfloor$.

Beweis: Nach Lemma 5 und Teil (f) von Satz 3.5 in [3] gibt es ein selbstzentrales Radikalkomplement. M. D. Atkinson beweist in [2], dass das Radikal von D_n die Nilpotenzklasse $n-1$ besitzt. Mit Korollar 11 folgt nun die Behauptung.◊

In Tabelle 10.2 listen wir einige Nilpotenzklassen und auflösbare Stufen in Bezug auf die Solomon-Algebra auf.

10.2 Nilpotenzklassen und auflösbare Stufen der Einheitengruppe von $K\Pi_n$ und D_n

Wir widmen uns nun dem Studium der auflösbaren Stufe der Einheitengruppe und der Eins-Einheiten von $K\Pi_n$ und D_n und ermitteln zudem die absteigende Zentralreihe der Eins-Einheiten. Daraus erhalten wir die Nilpotenzklasse der Eins-Einheiten.

n	$cl(rad(D_n))$	$cl(rad(D_n)^\circ)$	$st(rad(D_n))$	$st(rad(D_n)^\circ)$	$st(D_n)$	$st(D_n^\circ)$
1	0	0	0	0	1	1
2	1	1	1	1	2	2
3	2	2	1	1	2	2
4	3	3	2	2	3	3
5	4	4	2	2	3	3
6	5	5	3	3	4	4
7	6	6	3	3	4	4
8	7	7	3	3	4	4
9	8	8	3	3	4	4
10	9	9	4	4	5	5
11	10	10	4	4	5	5
12	11	11	4	4	5	5
13	12	12	4	4	5	5
14	13	13	4	4	5	5
15	14	14	4	4	5	5
16	15	15	4	4	5	5
17	16	16	4	4	5	5

Tabelle 10.2: Nilpotenzklassen und auflösbare Stufen für D_n und $(D_n)^\circ$

Proposition 15 *Seien A eine assoziative unitäre K-Algebra und r, s zwei nilpotente Elemente der Klasse zwei von A, für die $rsr - srs = 0$ gilt. Dann sind $1 + r, 1 + s$ Einheiten von A, rs ist nilpotent von der Klasse 2, und es gilt $[1 + r, 1 + s] = 1 + r \circ s$.*

Beweis: Da r, s nilpotent sind, sind $1 + r, 1 + s$ Einheiten von A. Wegen $r^2 = 0 = s^2$ ist $(1+r)^{-1} = 1 - r$ und $(1+s)^{-1} = 1 - s$. Es folgt nun

$$[1 + r, 1 + s]$$
$$= (1-r)(1-s)(1+r)(1+s)$$
$$= ((1+rs) - (s+r))(1+rs) + (s+r)).$$

Seien $a := 1 + rs$ und $b := s + r$. Wir zeigen als nächstes $ab = ba$. Es gilt

$$ab$$
$$= (1+rs)(s+r)$$
$$= s + r + rss + rsr$$
$$= s + r + rsr$$
$$= s + r + srs$$

und

$$ba$$

$$\begin{aligned}
&= (s+r)(1+rs) \\
&= s+r+srs+rrs \\
&= s+r+srs.
\end{aligned}$$

Also gilt $ab = ba$. Mit Hilfe der dritten binomischen Formel erhalten wir nun

$$\begin{aligned}
&\quad [1+r, 1+s] \\
&= a^2 - b^2 \\
&= 1+rs+rs+rsrs-s^2-sr-rs-r^2 \\
&= 1+rs+rsrs-sr \\
&= 1+r\circ s+rsrs.
\end{aligned}$$

Es verbleibt zu zeigen, dass $rsrs = 0$ gilt. Es ist $rsr - srs = 0$, also folgt $rsrs = srss = 0$, denn $s^2 = 0$ ist vorausgesetzt.◇

Proposition 16 *Seien A eine assoziative unitäre K-Algebra und $k, l \in \mathbb{N}$. Dann sind $1+rad(A)^{<k>}$ und $1+rad(A)^{<l>}$ Untergruppen von $1+rad(A)$, und es gilt $[1+rad(A)^{<k>}, 1+rad(A)^{<l>}] \leq 1+rad(A)^{<k+l>}$.*

Beweis: Sei $x \in rad(A)^{<k>}$, und sei x' das Quasi-Inverse zu x. Dann gilt $(1+x)^{-1} = 1+x'$, und es ist $x' = -x'x - x \in rad(A)^{<k>}$, da $rad(A)^{<k>}$ ein Ideal ist. Aufgrund der Idealeigenschaft ist $1+rad(A)^{<k>}$ auch multiplikativ abgeschlossen. Da offenbar $1 \in 1+rad(A)^{<k>}$ gilt, ist $1+rad(A)^{<k>}$ eine Untergruppe von $1+rad(A)$.

Sei $y \in rad(A)^{<k>}$, und sei y' das Quasi-Inverse zu y. Dann gilt $(1+y)^{-1} = 1+y'$. Es gelten $x, x' \in rad(A)^{<k>}$ und $y, y' \in rad(A)^{<l>}$. Nun folgt

$$\begin{aligned}
&\quad [1+x, 1+y] \\
&= (1+x')(1+y')(1+x)(1+y) \\
&= (1+x'+y'+x'y')(1+x+y+xy) \\
&= 1+x+y+xy+x'+x'x+x'y+x'xy+y'+y'x+y'y \\
&\quad + y'xy+x'y'+x'y'x+x'y'y+x'y'xy \\
&= 1+xy+x'y+x'xy+y'x+y'xy+x'y'+x'y'x+x'y'y+x'y'xy \\
&= 1+y'x+y'xy+x'y'+x'y'x+x'y'y+x'y'xy \in rad(A)^{<k+l>}.\diamond
\end{aligned}$$

Satz 20 *Seien K ein Körper und $n, k, l \in \mathbb{N}$. Dann gilt:*
$[1+rad(K\Pi_n)^{<k>}, 1+rad(K\Pi_n)^{<l>}] = 1+rad(K\Pi_n)^{<k+l>}$.

Beweis: Die eine Inklusion ist ein Teil der Aussage von Proposition 16. Nach Satz 19 gilt $1+rad(K\Pi_n)^{<k+l>} = 1+(rad(K\Pi_n)^{<k>} \circ rad(K\Pi_n)^{<l>})$. Mit Hilfe von Satz 9 erhalten wir, dass $rad(K\Pi_n) = \bigoplus_{P,Q \in \Pi_n^{<}} e_P K\Pi_n e_Q$ gilt.

Für alle $P,Q \in \Pi_n^{\leq}$ ist die Pierce-Komponente für $P \neq Q$ nilpotent von der Klasse 2, wird also von nilpotenten Elementen der Klasse 2 linear K-erzeugt. Ist a ein Element von $rad(K\Pi_n)^{<k>} \circ rad(K\Pi_n)^{<l>}$, so existiert eine endliche Teilmenge I von $\mathbb{N}$ und nilpotente Elemente a_i, a_j der Klasse 2 und der Form $e_P a e_Q$ mit $P \neq Q \in \Pi_n^{\leq}$ und $a = \sum_{i,j \in I} a_i \circ a_j$. Mit Hilfe des Summen-Produkt-Lemmas 7 und der analogen Argumentation wie in Satz 17 erhalten wir

$$\begin{aligned} & 1 + a \\ = & 1 + \sum_{i,j \in I} a_i \circ a_j \\ = & \prod_{i,j \in I} (1 + (a_i \circ a_j)). \end{aligned}$$

Wir müssen nur noch einsehen, dass für alle $i,j \in I$ die Gleichung $1 + a_i \circ a_j = [1+a_i, 1+a_j]$ gilt. Hierzu wenden wir Proposition 15 an. Seien $i,j \in I$. Wir können annehmen, dass $a_i = e_P x e_Q$ und $a_j = e_S y e_T$ mit geeigneten $x, y \in K\Pi_n$ und $P, Q, R, S \in \Pi_n^{\leq}$ mit $P \neq Q$ und $R \neq S$ gilt. Es genügt wegen Proposition 15 zu zeigen, dass $a_i a_j a_i - a_j a_i a_j = 0$ gilt. Wir zeigen, dass sogar $a_i a_j a_i = a_j a_i a_j = 0$ gilt, woraus die Behauptung folgt.
Ist $Q \neq R$ oder $S \neq P$, so folgt aus der Orthogonalität der Idempotente $e_Z, Z \in \Pi_n^{\leq}$ schon $a_i a_j a_i = a_j a_i a_j = 0$. Sei also $Q = R$ und $S = P$ erfüllt. Dann gilt $a_i a_j a_i = e_P x e_Q y e_P x e_Q$ und $a_j a_i a_j = e_Q y e_P x e_Q y e_P$. Diese Produkte sind jeweils Null, denn es ist mindestens eine der Pierce-Komponenten $e_P K\Pi_n e_Q$ und $e_Q K\Pi_n e_P$ gleich Null, und das Produkt enthält Faktoren aus beiden Pierce-Komponenten. Wären nämlich beide ungleich Null, so wäre nach Seite 27 in [16] sowohl $P \leq Q$ und $Q \leq P$. P, Q wären also assoziiert, und nach Definition von $\Pi_n^{\leq}$ sogar gleich, was ein Widerspruch zur Wahl von P, Q ist.◇

Korollar 14 *Seien K ein Körper und $n \in \mathbb{N}$. Dann gelten:*

(i) Die absteigende Zentralreihe der Eins-Einheiten von $K\Pi_n$ ist $\{1 + rad(K\Pi_n)^{<l>} \mid l \in \underline{n}\}$.

(ii) Die Kommutator-Reihe der Eins-Einheiten von $K\Pi_n$ ist $\{1 + rad(K\Pi_n)^{<2^k>} \mid k \in \mathbb{N}\}$.

(iii) Die auflösbare Stufe der Eins-Einheiten von $K\Pi_n$ stimmt mit $st(rad(K\Pi_n)) = st(rad(K\Pi_n)^\circ) = min\{l \in \mathbb{N} \mid 2^l \geq n\} = \lfloor log_2(n) \rfloor$ überein.

(iv) K habe mindestens drei Elemente. Die Kommutator-Reihe der Einheitengruppe ist $\{1 + rad(K\Pi_n)^{<2^k>} \mid k \in \mathbb{N}_0\}$.

n	$st(1+rad(K\Pi_n))$	$st(E(K\Pi_n))$	$st(rad(K\Pi_n))$	$st(rad(K\Pi_n)^\circ)$	$st(K\Pi_n)$	$st($
1	1	2	1	1	2	
2	1	2	1	1	2	
3	2	3	2	2	3	
4	2	3	2	2	3	
5	3	4	3	3	4	
6	3	4	3	3	4	
7	3	4	3	3	4	
8	3	4	3	3	4	
9	4	5	4	4	5	
10	4	5	4	4	5	
11	4	5	4	4	5	
12	4	5	4	4	5	
13	4	5	4	4	5	
14	4	5	4	4	5	
15	4	5	4	4	5	
16	4	5	4	4	5	

Tabelle 10.3: Nilpotenzklassen und auflösbare Stufen für $E(K\Pi_n)$

(v) K habe mindestens drei Elemente. Die auflösbare Stufe der Einheitengruppe von $K\Pi_n$ stimmt mit $st(K\Pi_n) = st(K\Pi_n^\circ) = 1 + min\{l \in \mathbb{N} \mid 2^l \geq n\} = 1 + \lfloor log_2(n) \rfloor$ überein.

Beweis: Der Beweis folgt direkt aus dem Korollar 12 und aus den Sätzen 20 und 17.⋄

In Tabelle 10.3 listen wir einige Nilpotenzklassen und auflösbare Stufen in Bezug auf die Solomon-Tits-Algebra auf.

Satz 21 Seien K ein Körper der Charakteristik Null und $n, k, l \in \mathbb{N}$. Dann gilt $[1 + rad(D_n)^{<k>}, 1 + rad(D_n)^{<l>}] = 1 + rad(D_n)^{<k+l>}$.

Beweis: Die eine Inklusion ist ein Teil der Aussage von Proposition 16.
Wir benutzen im Folgenden die Bezeichnungen aus der Dissertation [3] von Thorsten Bauer. Seien $A := D_n$ die Solomon-Algebra und $T := H_n = \langle \nu^p \mid p \vdash n \rangle_K$ ein Radikalkomplement wie in Lemma 3.4 in [3]. Nach Lemma 3 ist T ein kommutatives Radikalkomplement, und nach Satz 3.5 in [3] gilt $rad(A) = \bigoplus_{\substack{p,q \vdash n \\ p \neq q}} \nu^p A \nu^q$. Dabei ist die Pierce-Komponente $\nu^p A \nu^q$ genau dann ungleich Null, wenn q zu einer einer potenzfreien Zerlegung von p assoziiert ist (siehe Satz 3.5 in [3]). Nach Satz 19 gilt $1 + rad(D_n)^{<k+l>} = 1 + (rad(D_n)^{<k>} \circ rad(D_n)^{<l>})$. Für alle p, q, wobei q zu einer einer potenzfreien Zerlegung von p assoziiert ist, ist die Pierce-Komponente $\nu^p A \nu^q$

nilpotent von der Klasse 2, wird also von nilpotenten Elementen der Klasse 2 linear K-erzeugt. Ist a ein Element von $rad(D_n)^{<k>} \circ rad(D_n)^{<l>}$, so existiert eine endliche Teilmenge I von $\mathbb{N}$ und nilpotente Elemente a_i, a_j der Klasse 2 und der Form $\nu^p x \nu^q$ (wobei q zu einer einer potenzfreien Zerlegung von p assoziiert ist) mit $a = \sum_{i,j \in I} a_i \circ a_j$. Mit Hilfe des Summen-Produkt-Lemmas 7 und der analogen Argumentation wie in Satz 18 erhalten wir

$$\begin{aligned} & 1 + a \\ =\ & 1 + \sum_{i,j \in I} a_i \circ a_j \\ =\ & \prod_{i,j \in I} (1 + (a_i \circ a_j)). \end{aligned}$$

Wir müssen nur noch einsehen, dass für alle $i, j \in I$ die Gleichung $1 + a_i \circ a_j = [1 + a_i, 1 + a_j]$ gilt. Hierzu wenden wir Proposition 15 an. Seien $i, j \in I$. Wir können annehmen, dass $a_i = \nu^p x \nu^q$ und $a_j = \nu^s y \nu^t$ mit geeigneten $x, y \in D_n$ und p, q, s, t (wobei q zu einer einer potenzfreien Zerlegung von p assoziiert und t zu einer einer potenzfreien Zerlegung von s assoziiert ist). Es genügt wegen Proposition 15 zu zeigen, dass $a_i a_j a_i - a_j a_i a_j = 0$ gilt. Wir zeigen, dass sogar $a_i a_j a_i = a_j a_i a_j = 0$ gilt, woraus die Behauptung dann folgt.
Ist $q \neq r$ oder $s \neq p$, so folgt aus der Orthogonalität der 1-zerlegenden Idempotente schon $a_i a_j a_i = a_j a_i a_j = 0$. Sei also $q = r$ und $s = p$ erfüllt. Dann gilt $a_i a_j a_i = \nu^p x \nu^q y \nu^p x \nu^q$ und $a_j a_i a_j = \nu^q y \nu^p x \nu^q y \nu^p$. Diese Produkte sind jeweils Null, denn es ist mindestens eine der Pierce-Komponenten $\nu^p D_n \nu^q$ und $\nu^q D_n \nu^p$ gleich Null, und das Produkt enthält Faktoren aus beiden Pierce-Komponenten. Wären nämlich beide ungleich Null, so wäre nach Satz 3.5 in [3] sowohl p zu einer potenzfreien Zerlegung von q assoziiert und umgekehrt. Per Definition der potenzfreien Zerlegung unterscheiden sich die Längen von p und q jedoch um 1, was ein Widerspruch ist.◇

Korollar 15 *Seien K ein Körper mit $char(K) = 0$ und $n \in \mathbb{N}$. Dann gelten:*

(i) Die absteigende Zentralreihe der Eins-Einheiten von D_n ist
  $\{1 + rad(D_n)^{<l>} \mid l \in \underline{n}\}.$

(ii) Die Kommutator-Reihe der Eins-Einheiten von D_n ist
  $\{1 + rad(D_n)^{<2^k>} \mid k \in \mathbb{N}\}.$

(iii) Die auflösbare Stufe der Eins-Einheiten von D_n stimmt mit
  $st(rad(D_n)) = st(rad(D_n)^\circ) = min\{l \in \mathbb{N} \mid 2^l \geq n\} = \lfloor log_2(n-1) \rfloor$
  überein.

(iv) Die Kommutator-Reihe der Einheitengruppe ist
  $\{1 + rad(D_n)^{<2^k>} \mid k \in \mathbb{N}_0\}.$

n	$st(1+rad(D_n))$	$st(E(D_n))$	$st(rad(D_n))$	$st(rad(D_n)^\circ)$	$st(D_n)$	$st(D_n^\circ)$
1	0	1	0	0	1	1
2	1	2	1	1	2	2
3	1	2	1	1	2	2
4	2	3	2	2	3	3
5	2	3	2	2	3	3
6	3	4	3	3	4	4
7	3	4	3	3	4	4
8	3	4	3	3	4	4
9	3	4	3	3	4	4
10	4	5	4	4	5	5
11	4	5	4	4	5	5
12	4	5	4	4	5	5
13	4	5	4	4	5	5
14	4	5	4	4	5	5
15	4	5	4	4	5	5
16	4	5	4	4	5	5
17	4	5	4	4	5	5

Tabelle 10.4: Nilpotenzklassen und auflösbare Stufen für $E(D_n)$

(v) Die auflösbare Stufe der Einheitengruppe von D_n stimmt mit
$st(D_n) = st(D_n^\circ) = 1+min\{l \in \mathbb{N} \mid 2^l \geq n\} = 1+\lfloor log_2(n-1)\rfloor$ überein.

Beweis: Der Beweis folgt direkt aus dem Korollar 13 und aus den Sätzen 20 und 18.⋄

In Tabelle 10.4 listen wir einige Nilpotenzklassen und auflösbare Stufen in Bezug auf die Solomon-Algebra auf.

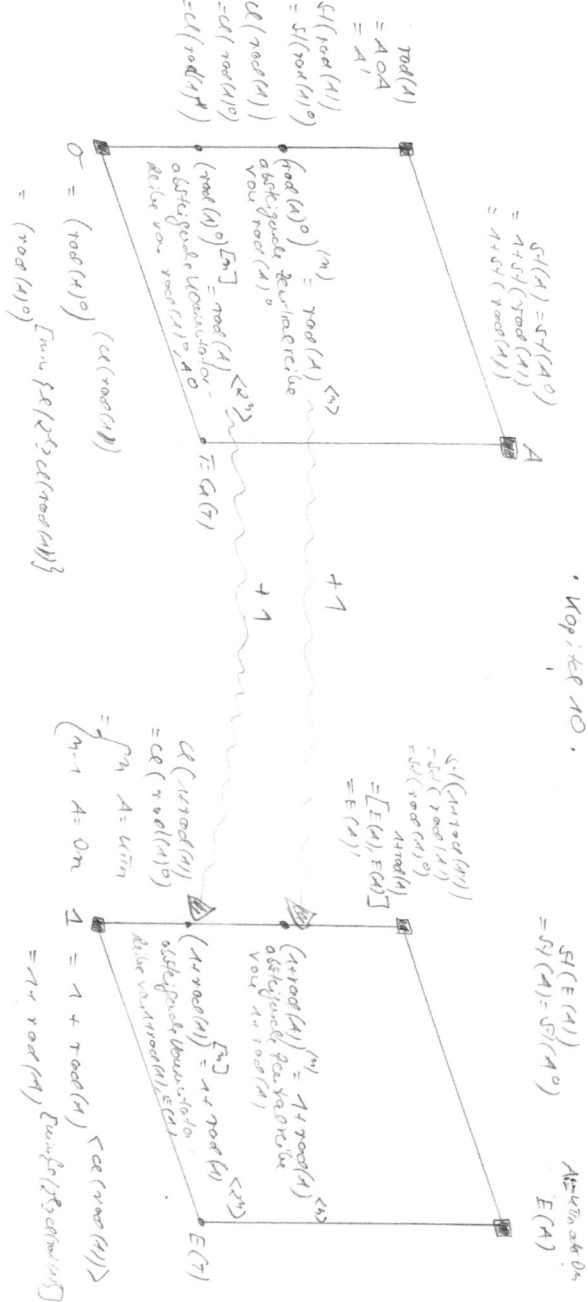

10.3 Offene Fragen

- Seien K ein Körper und $n \in \mathbb{N}$. Was ist die aufsteigende Zentralreihe von $rad(K\Pi_n)^\circ$?

- Seien K ein Körper und M ein endliches idempotentes Monoid. Können die Ergebnisse dieses Kapitels auf KM übertragen werden?

- Gibt es einen allgemeineren Zusammenhang zwischen der Reihe der Ableitungen und der auflösbaren Stufe zwischen einer assoziativen unitären Algebra, ihrer assoziierten Lie-Algebra und ihrer Einheitengruppe?

- Für die in diesem Kapitel betrachteten Zentral- und Kommutatorreihen beschreibe man für einen endlichen Körper die Struktur der abelschen Faktorstücke! Inwiefern können diese Untersuchungen verallgemeinert werden?

10.4 Übungsaufgaben

Übungsaufgabe 130 *Seien K ein Körper und $n \in \mathbb{N}$. Für $n = 17, \cdots, 32$ führe man die Tabelle nach Korollar 12 fort und ergänze diese um die Spalten für die auflösbaren Stufen von $1 + rad(K\Pi_n)$ und $E(K\Pi_n)$! Was gilt entsprechend für $(K\Pi_n)^\circ$?*

Übungsaufgabe 131 *Seien A eine assoziative unitäre K-Algebra und r, s zwei nilpotente Elemente der Klasse zwei von A, für die $rsr - srs = 0$ gilt. Dann sind $1 + r, 1 + s$ Einheiten von A, sr ist nilpotent von der Klasse 2, und es gilt $[1 + s, 1 + r] = 1 + s \circ r$. Was ist das Inverse von $[1 + s, 1 + r]$?*

Übungsaufgabe 132 *Seien K ein Körper der Charakteristik Null und $n \in \mathbb{N}$. Für $n = 17, \cdots, 32$ führe man die Tabelle nach Korollar 13 fort und ergänze diese um die Spalten für die auflösbaren Stufen von $1 + rad(D_n)$ und $E(D_n)$! Was gilt entsprechend für $(D_n)^\circ$?*

Übungsaufgabe 133 *Zur Berechnung der auflösbaren Stufe werden in diesem Kapitel ein minimales $n \in \mathbb{N}$ gesucht, so dass 2^n grösser oder gleich einer Konstanten c ist. Wie lässt sich dieser Ausdruck mit Logarithmen vereinfachen? Welches mathematische Symbol gibt es für so eine minimale natürliche Zahl?*

Übungsaufgabe 134 *In diesem Kapitel werden für ein $n \in \mathbb{N}$ und einen Körper K sowohl für D_n als auch für $K\Pi_n$ diverse Nilpotenzklassen und auflösbare Stufen berechnet. Was ist die Differenz bzw. der Bruch der korrespondierenden Grössen für $K\Pi_n$ und D_n, also z.B. $st(K\Pi_n) - st(D_n)$ und $\frac{st(K\Pi_n)}{st(D_n)}$? Konvergieren oder divergieren diese Werte?*

Übungsaufgabe 135 *Sei K ein Körper der Charakteristik Null. Man bestimme die Reihe der Ableitungen von D_{35}, $(D_{35})°$ und $E(D_{35})$!*

Übungsaufgabe 136 *Sei K ein Körper der Charakteristik Null. Man bestimme die Reihe der Ableitungen von $rad(D_{35})$, $rad(D_{35})°$ und $1+rad(D_{35})$!*

Übungsaufgabe 137 *Sei K ein Körper der Charakteristik Null. Man bestimme die absteigende Zentralreihen von $1 + rad(D_{35})$ und $rad(D_{35})°$!*

Übungsaufgabe 138 *Sei K ein Körper. Man bestimme die Reihe der Ableitungen von $K\Pi_{35}$, $K\Pi_{35}°$ und $E(K\Pi_{35})$!*

Übungsaufgabe 139 *Sei K ein Körper. Man bestimme die Reihe der Ableitungen von $rad(K\Pi_{35})$, $rad(K\Pi_{35})°$ und $1 + rad(K\Pi_{35})$!*

Übungsaufgabe 140 *Sei K ein Körper. Man bestimme die absteigende Zentralreihen von $1 + rad(K\Pi_{35})$ und $rad(K\Pi_{35})°$!*

Übungsaufgabe 141 *Seien K ein Körper und $n \in \mathbb{N}$. Inwiefern können die Ergebnisse dieses Kapitels auf die Algebra der unteren Dreiecksmatrizen von $K^{n \times n}$ übertragen werden? (Ein Übergang von Summen zu Produkten findet sich in [19].)*

Übungsaufgabe 142 *Seien K ein Körper und $n \in \underline{3}$. Man bestimme die aufsteigende Zentralreihen von $rad(K\Pi_n)°$ und $1+rad(K\Pi_n)$. Hinweis: Der Satz von Xiankun Du (siehe [8])!*

Übungsaufgabe 143 *Seien K ein Körper der Charakteristik Null und $n \in \underline{3}$. Man bestimme die aufsteigende Zentralreihen von $rad(D_n)°$ und $1 + rad(D_n)$. Hinweis: Der Satz von Xiankun Du (siehe [8])!*

Kapitel 11

Das Nilradikal und die Fitting-Untergruppe

Dieses Kapitel behandelt den Zusammenhang zwischen Fitting-Untergruppe und Nilradikal motiviert durch Analysen zwischen Carter-Untergruppen und Cartan-Teilalgebren in der Dissertation von Thorsten Bauer in [3]:

- Vorbetrachtung zu allgemeinen Jordan-Zerlegungen der adjungierten Darstellung

- Ermittlung des Nilradikals der assoziierten Lie-Algebra einer endlich-dimensionalen assoziativen unitären auflösbaren Algebra mit separabler Radikalfaktorstruktur

- Ermittlung des Nilradikals von D_n° und $K\Pi_n^\circ$

- Ermittlung der Fitting-Untergruppe der Einheitengruppe einer endlich-dimensionalen assoziativen unitären auflösbaren Algebra mit separabler Radikalfaktorstruktur

- Zusammenhang: Die Fitting-Untergruppe ist die Einheitengruppe des Nilradikals

- Ermittlung der Fitting-Untergruppe von $E(D_n)$ und $E(K\Pi_n)$.

11.1 Das Nilradikal einer auflösbaren Algebra

Definitionen 13 Ist L eine K-Lie-Algebra und $l \in L$, so definieren wir die Multiplikation (auch adjungierte Darstellung genannt) mit l durch $ad(l) : L \longrightarrow L, x \mapsto xl$. Analog wie in Definition 5.2.1 in [19] nennen wir ein Polynom vollseparabel, wenn es quadratfrei und separabel ist. Ist A eine assoziative unitäre K-Algebra, so heisst ein Element $a \in A$ vollseparabel, wenn sein Minimalpolynom $min_{a,K}$ vollseparabel ist. Definition 5.1.4.1 in

[19] folgend heisst ein Paar $(r;s) \in A \times A$ eine allgemeine Jordan-Zerlegung von $a \in A$, falls $a = r + s$ gilt, r und s kommutieren sowie r nilpotent und s vollseparabel ist.⋄

Lemma 8 *Seien K ein Körper, A eine assoziative unitäre endlich-dimensionale K-Algebra und $a, r, s \in A$. Ist $(r;s)$ eine allgemeine Jordan-Zerlegung von a, so ist $(ad(r); ad(s))$ eine allgemeine Jordan-Zerlegung von $ad(a)$.*

Beweis: *Schritt 1*: Wir bemerken zunächst an, daß a, $\lambda(a)$ und $\rho(a)$ dasselbe Minimalpolynom besitzen und offenbar $ad(a) = ad(r+s) = ad(r) + ad(s)$ gilt.

Schritt 2: Wir zeigen, dass $ad(r)$ und $ad(s)$ miteinander vertauschbar sind: Da A assoziativ ist, sind für alle $x, y \in A$ die Abbildungen $\lambda(x)$ und $\rho(y)$ vertauschbar. Mit r und s kommutieren auch die Abbildungen $\lambda(r)$ und $\lambda(s)$ sowie $\rho(r)$ und $\rho(s)$. Es folgt nun

$$\begin{aligned}
&ad(r)ad(s) \\
=\ & (\rho(r) - \lambda(r))(\rho(s) - \lambda(s)) \\
=\ & \rho(r)\rho(s) - \rho(r)\lambda(s) - \lambda(r)\rho(s) + \lambda(r)\lambda(s) \\
=\ & \rho(s)\rho(r) - \rho(s)\lambda(r) - \lambda(s)\rho(r) + \lambda(s)\lambda(r) \\
=\ & (\rho(s) - \lambda(s))(\rho(r) - \lambda(r)) \\
=\ & ad(s)ad(r).
\end{aligned}$$

Schritt 3: Nach *Schritt 1* sind mit r auch $\rho(r)$ und $\lambda(r)$ nilpotent. Da A assoziativ ist, vertauschen die nilpotenten Endomorphismen $\lambda(r)$ und $\rho(r)$. Folglich ist ihr Algebren-Erzeugnis kommutativ, und somit sogar nilpotent nach Proposition 5 in [21]. Daher ist auch $ad(r)$ als Differenz von $\rho(r)$ und $\lambda(r)$ nilpotent.

Schritt 4: Nach *Schritt 1* sind mit s auch $\rho(s)$ und $\lambda(s)$ vollseparabel. Da A assoziativ ist, vertauschen die vollseparablen Endomorphismen $\lambda(s)$ und $\rho(s)$. Folglich ist ihr Algebren-Erzeugnis kommutativ, und daher sogar vollseparabel nach Satz 5.2.6 in [19]. Daher ist auch $ad(s)$ als Differenz von $\rho(s)$ und $\lambda(s)$ vollseparabel.⋄

Bemerkung 20 Das Nilradikal ist das grösste nilpotente Ideal in einer Lie-Algebra (wenn es existiert). Nach dem Satz von Fitting ist die Summe zweier nilpotenten Ideale wieder nilpotent. Ist die Lie-Algebra also endlich-dimensional, so existiert das Nilradikal.

Seien K ein Körper, A eine assoziative unitäre endlich-dimensionale auflösbare K-Algebra mit separabler Radikalfaktorstruktur. Dann besitzt nach [19] auch das Zentrum von A eine separable Radikalfaktorstruktur, und für jedes

Radikalkomplement T von A ist $T \cap Z(A)$ das eindeutig bestimmte Radikalkomplement von $rad(Z(A))$ in $Z(A)$. Es stimmt sogar mit dem Schnitt aller Radikalkomplemente von $rad(A)$ in A überein. In dem nächsten Satz wird diese Erkenntnis benutzt, das eindeutig bestimmte Radikalkomplement mit Z bezeichnet.

Satz 22 *Seien K ein Körper, A eine assoziative unitäre endlich-dimensionale auflösbare K-Algebra mit separabler Radikalfaktorstruktur und Z dass Radikalkomplement des Zentrums von A. Dann ist $rad(A) \oplus Z$ das Nilradikal und insbesondere die einzige maximal nilpotente Teilalgebra von A° oberhalb von $rad(A)$.*

Beweis: Beide Ideale $rad(A)$ und Z von A° sind nilpotent, und daher auch ihre Summe. Somit liegt das nilpotente Ideal $rad(A) \oplus Z$ im Nilradikal von A°. Sei N das Nilradikal von A° und $n \in N$. Nach dem Satz von Wedderburn-Malcev gibt es ein Radikalkomplement T. Also existieren $r \in rad(A)$ und $t \in T$ mit $n = r + t$. Da $rad(A)$ in N enthalten ist, gilt $t \in N$. Da N als Lie-Algebra nilpotent ist, ist $ad(t)$ ein nilpotenter Endomorphismus von N. Insbesondere ist $ad(t)_{|rad(A)}$ ein nilpotenter Endomorphismus von $rad(A)$. Andererseits ist $A/rad(A)$ separabel und kommutativ, woraus mit Satz 5.3.1 in [19] folgt, dass jedes Element von T vollseparabel ist. Mit Lemma 8 erhalten wir, dass $ad(t)$ vollseparabel ist. Insbesondere ist $ad(t)_{|rad(A)}$ vollseparabel. Also ist $ad(t)_{|rad(A)}$ zugleich nilpotent und vollseparabel. Mit Lemma 8 erhalten wir $ad(t)_{|rad(A)} = 0$. Also zentralisiert t ganz $rad(A)$. Da T kommutativ ist, gilt sogar $t \in T \cap Z(A)$. Diese Teilalgebra stimmt nach Satz 5.1.4 in [19] mit Z überein.
Der Zusatz folgt aus der Tatsache, dass jede Teilalgebra oberhalb von $rad(A)$ wegen $A \circ A \subseteq rad(A)$ schon ein Ideal von A° ist.⋄

Korollar 16 *Seien K ein Körper und $n \in \mathbb{N}$.*

(i) Das Nilradikal von $(K\Pi_n)^\circ$ ist $rad(K\Pi_n) \oplus K \cdot 1$.

(ii) Für $char(K) = 0$ ist das Nilradikal von $(D_n)^\circ$ genau $rad(D_n) \oplus Z(D_n)$.

Beweis: ad(i): siehe Satz 22 und Satz 13

ad(ii): siehe Satz 22 und Satz 3.6 in [3].⋄

11.2 Die Fitting-Untergruppe der Einheitengruppe einer auflösbaren Algebra

Die Fitting-Untergruppe ist der grösste nilpotente Normalteiler in einer Gruppe (wenn er existiert). Nach dem Satz von Fitting sind endliche Produkte nilpotenter Normalteiler wieder nilpotente Normalteiler. Insbesondere ist also die Fitting-Untergruppe für endliche Gruppen existent. Wir greifen im nächsten Resultat erneut auf Bemerkung 20 zurück (siehe Z in der dortigen Formulierung).

Satz 23 *Seien K ein Körper, A eine assoziative endlich-dimensionale unitäre auflösbare K-Algebra mit separabler Radikalfaktorstruktur und Z das Radikalkomplement des Zentrums von A. Die Fitting-Untergruppe von $E(A)$ ist die Einheitengruppe des Nilradikals von $A°$, also $(1 + rad(A)) \times E(Z)$. Die zweite Fitting-Untergruppe ist die ganze Einheitengruppe.*

Beweis: Nach Satz 22 ist $rad(A) \oplus Z$ das Nilradikal von $A°$. Da $rad(A)$ ein nilpotentes Ideal und Z zentral in A ist, folgt aus Proposition 1.1.8 in [20], dass die Einheitengruppe des Nilradikals das direkte Produkt der nilpotenten Normalteiler $1 + rad(A)$ und $E(Z)$. Daher ist die Einheitengruppe des Nilradikals von $A°$ ein nilpotenter Normalteiler von $E(A)$.
Sei nun N ein nilpotenter Normalteiler von $E(A)$. Da $1 + rad(A)$ ein nilpotenter Normalteiler ist, ist es nach einem Satz von Hans Fitting auch $N(1 + rad(A))$. Nach Lemma 2 in [4] [1]$\langle(1+rad(A))N\rangle_K$ Lie-nilpotent und enthält $rad(A)$. Aus Satz 22 folgt nun $\langle N\rangle_K \subseteq \langle(1+rad(A))N\rangle_K \subseteq rad(A)\oplus Z$. Insbesondere gilt nun $N \leq E(\langle N\rangle_K) \leq E(\langle(1+rad(A))N\rangle_K) \leq E(rad(A)\oplus Z)$. Da die Faktorstruktur modulo der Fitting-Untergruppe abelsch ist, folgt nun, das $E(A)$ die Fitting-Länge zwei besitzt.⋄

Korollar 17 *Seien K ein Körper und $n \in \mathbb{N}$.*

(i) Die Fitting-Untergruppe von $E(K\Pi_n)$ ist die Einheitengruppe des Nilradikals von $(K\Pi_n)°$.

(ii) Besitzt K genau zwei Elemente, so ist die Fitting-Untergruppe von $E(K\Pi_n)$ genau $1 + rad(K\Pi_n)$.

(iii) Besitzt K mindestens drei Elemente, so ist die Fitting-Untergruppe von $E(K\Pi_n)$ genau $(1 + rad(K\Pi_n)) \times ((K \setminus \{0\}) \cdot 1)$.

Beweis: siehe Satz 23 und Korollar 16.⋄

Korollar 18 *Seien K ein Körper mit $char(K) = 0$ und $n \in \mathbb{N}$.*

(i) Die Fitting-Untergruppe von $E(D_n)$ ist die Einheitengruppe des Nilradikals von $(D_n)°$.

(ii) Die Fitting-Untergruppe von $E(D_n)$ ist genau $(1+rad(D_n))\times E(Z(D_n))$.

---
[1] Dieses Resultat von T. Bauer und S. Siciliano erlaubt es, gruppentheoretische Fragestellungen in Lie-theoretische zu überführen. Es bildet die Grundlage für diesen Beweis sowie für Analysen, die der Autor momentan bzgl. maximal nilpotente Teilstrukturen durchführt.

Beweis: siehe Satz 23 und Korollar 16.◇

T. Bauer untersucht in seiner Dissertation [3], welche Dimension das Zentrum von D_n hat. Dies hängt von n ab, und es ist stets halbeinfach. Genaueres möge der Leser im Rahmen der Übungsaufgaben untersuchen.

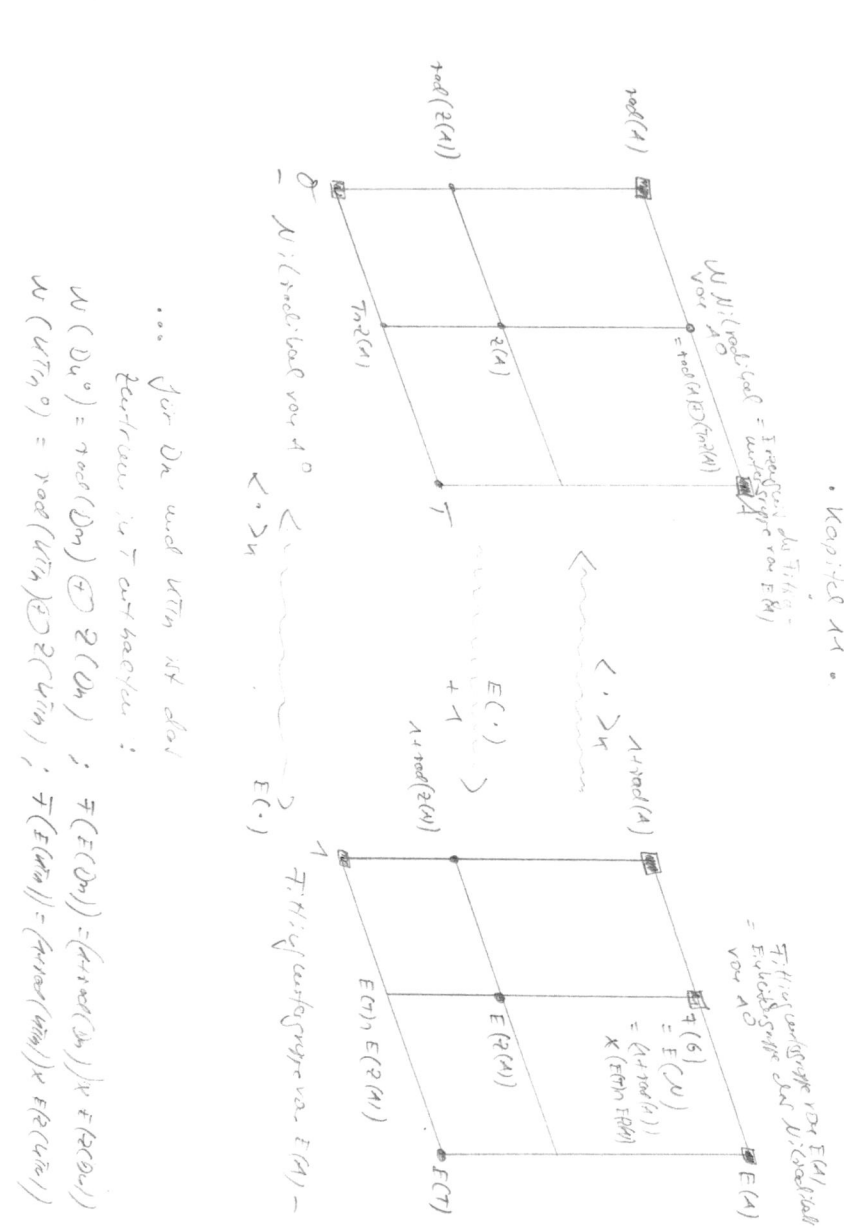

11.3 Offene Fragen

- Seien K ein Körper und M ein endliches idempotentes Monoid. Was ist das Nilradikal von KM°? Was ist die Fitting-Untergruppe von $E(KM)$?

- Seien K ein Körper und A eine endlich-dimensionale assoziative unitäre K-Algebra. Was ist das Nilradikal von A°? Was ist die Fitting-Untergruppe von $E(A)$? Ist die Einheitengruppe des Nilradikals die Fitting-Untergruppe?

- Seien K ein (endlicher) Körper und $n \in \mathbb{N}$. Was ist die Frattini[2]-Untergruppe von $E(K\Pi_n)$?

- Erweiterung dieser Fragestellung zur Frattini-Untergruppe auf die Halbgruppenalgebra eines endlichen idempotenten Monoids

- Erweiterung dieser Fragestellung zur Frattini-Untergruppe auf eine endlich-dimensionale assoziative unitäre (auflösbare) K-Algebra.

11.4 Übungsaufgaben

Übungsaufgabe 144 *Sei K ein Körper. Was ist das Nilradikal von $(K\Pi_3)^\circ$? Welcher Zusammenhang besteht zu der Fitting-Untergruppe von $E(K\Pi_3)$?*

Übungsaufgabe 145 *Sei K ein Körper. Was ist die Fitting-Untergruppe von $E(K\Pi_3)$? Welcher Zusammenhang besteht zum Nilradikal von $(K\Pi_3)^\circ$?*

Übungsaufgabe 146 *Seien K ein Körper und $a := 1 + (12,3) - (13,2) \in K\Pi_3$. Man bestimme eine allgemeine Jordanzerlegung von $\mathrm{ad}(a)$.*

---

[2]Giovanni Frattini (geboren am 8. Januar 1852 in Rom; gestorben am 21. Juli 1925 in Rom) war ein italienischer Mathematiker, der vor allem für seine Beiträge zur Gruppentheorie bekannt ist. Frattini ging in Rom zur Schule und studierte dort ab 1869 Mathematik unter anderem bei Eugenio Beltrami und Luigi Cremona. 1875 wurde er dort bei Giuseppe Battaglini (von 1826 bis 1894) und Beltrami promoviert. Danach war er Lehrer am Gymnasium (Liceo) in Caltanissetta auf Sizilien und ab 1878 an einer Technikerschule in Viterbo. 1881 wechselte er an eine Technikerschule in Rom und 1884 wurde er dort Mathematiklehrer an einer neu gegründeten Militärschule. Aufgrund seiner in den 1880er Jahren veröffentlichten Arbeiten erhielt er einen Ruf als Professor nach Neapel, lehnte aber aus familiären Gründen ab. Auch das Angebot einer Dozentur an der Universität Rom 1914 schlug er aus, er war damals allerdings schon in fortgeschrittenem Alter. Da die Familie unter anderem durch die Verwundung eines Sohnes im Ersten Weltkrieg in eine schwierige finanzielle Lage kam, musste er weiter auch jenseits des Pensionsalters unterrichten. In den 1880er Jahren veröffentlichte er, ausgehend vom Studium der Arbeiten von Camille Jordan, mehrere Aufsätze über Gruppentheorie. Im Jahr 1885 führte er dabei die Frattini-Untergruppe als Untergruppe einer Gruppe, die von allen nicht erzeugenden Elementen erzeugt wird, ein. Er zeigte, dass diese (bei endlichen Gruppen) nilpotent ist. Neben Gruppentheorie befasste er sich auch mit Differentialgeometrie und der Zahlentheorie binärer quadratischer Formen.

Übungsaufgabe 147 *Seien K ein Körper, A eine assoziative unitäre K-Algebra und e ein Idempotent von A. Man bestimme eine allgemeine Jordanzerlegung von $ad(e)$.*

Übungsaufgabe 148 *Sei K ein Körper. Besitzt $e_{(12,3)} + e_{(3,12)}$ eine allgemeine Jordanzerlegung in $K\Pi_3$?*

Übungsaufgabe 149 *Man führe den Beweis von Lemma 8 in allen Einzelheiten aus!*

Übungsaufgabe 150 *Seien A eine assoziative K-Algebra und $(r;s)$ eine allgemeine Jordan-Zerlegung. Dann sind $(r\rho;s\rho)$ und $(r\lambda;s\lambda)$ allgemeine Jordan-Zerlegungen. Von welchen Elementen sind sie es?*

Übungsaufgabe 151 *Seien A eine assoziative K-Algebra, $(r;s)$, (u,v) allgemeine Jordan-Zerlegungen und $k \in K$. Sind dann $(kr;ks)$, $(r+u;s+v)$ sowie $(ru;sv)$ allgemeine Jordan-Zerlegungen? Wann sind sie es? Gibt es einfache notwendige Bedingungen hierzu?*

Übungsaufgabe 152 *Seien K ein Körper und $n \in \mathbb{N}$. Man bestimme das Nilradikal bzw. die Fitting-Untergruppe der assoziierten Lie-Algebra bzw. der Einheitengruppe der Algebra der unteren Dreiecksmatrizen von $K^{n \times n}$.*

Übungsaufgabe 153 *Seien $n \in \mathbb{N}$ und K ein Körper der Charakteristik Null. Durch ein Studium der Dissertation von Thorsten Bauer ([3]) bestimme man das Zentrum von D_n und anschliessend das Nilradikal von D_n° sowie die Fitting-Untergruppe von $E(D_n)$.*

Übungsaufgabe 154 *Sei K ein Körper. Man bestimme eine allgemeine Jordan-Zerlegung der Matrizen $\begin{pmatrix} 1 & 2 & 3 \\ 0 & 1 & 2 \\ 0 & 0 & 1 \end{pmatrix}$ und $\begin{pmatrix} 1 & 2 \\ 1 & 1 \end{pmatrix}$. Hinweis: siehe [19]!*

Kapitel 12

Halbeinfache Links- und Rechtsideale

In diesem Kapitel werden wir halbeinfache Links- und Rechtsideale analysieren (auch für die Bestimmung der Antiautomorphismen von D_n im nächsten Kapitel). Folgende Schwerpunkte sind hier zu nennen:

- Einführung linksseitig, rechtsseitig und beidseitig Pierce-orthogonaler Elemente

- Beschreibung eines maximal halbeinfachen Links- und Rechtsideales mit Hilfe Pierce-orthogonaler Elemente in endlich-dimensionalen assoziativen unitären auflösbaren zerfallenden Algebren mit selbstzentralem Radikalkomplement

- Konjugiertheit dieser maximalen Links- und Rechtsideale in endlich-dimensionalen assoziativen unitären auflösbaren zerfallenden Algebren mit selbstzentralem Radikalkomplement

- Beschreibung der einfachen und halbeinfachen Links- und Rechtsideale mit Hilfe Pierce-orthogonaler Elemente in endlich-dimensionalen assoziativen unitären auflösbaren zerfallenden Algebren mit selbstzentralem Radikalkomplement

- Konsequenzen für D_n und $K\Pi_n$ aus diesen allgemeinen Resultaten.

12.1 Halbeinfache Links- und Rechtsideale und Pierce-Orthogonalität in auflösbaren Algebren

Definitionen 14 Sei A eine assoziative K-Algebra. Seien $e_1, \cdots, e_n$ paarweise orthogonale Idempotente von A, deren Summe das Einselement von A ist, und sei $i \in \underline{n}$. Wir nennen e_i linksseitig- bzw. rechtsseitig-Pierce-orthogonal, wenn für alle $j \in \underline{n} \setminus \{i\}$ jede der Pierce-Komponenten $e_i A e_j$

bzw. $e_j A e_i$ der Nullraum ist. e_i heisst beidseitig-Pierce-orthogonal, wenn e_i linksseitig- und rechtsseitig-Pierce-orthogonal ist.⋄

Proposition 17 *Seien A eine assoziative unitäre endlich-dimensionale auflösbare K-Algebra mit Zerfällungskörper K und $e_1, \cdots, e_n$ paarweise orthogonale Idempotente von A, so dass ihr K-Erzeugnis ein selbstzentrales Radikalkomplement ist, und sei $i \in \underline{n}$.*

(i) Genau dann ist e_i linksseitig-Pierce-orthogonal, wenn das Rechtshauptideal $e_i A$ eindimensional ist (also von e_i K-erzeugt wird).

(ii) Genau dann ist e_i rechtsseitig-Pierce-orthogonal, wenn das Linkshauptideal $A e_i$ eindimensional ist (also von e_i K-erzeugt wird).

(iii) Genau dann ist e_i beidseitig-Pierce-orthogonal, wenn das Hauptideal $A e_i A$ eindimensional ist (also von e_i K-erzeugt wird).

Beweis: ad(i): Wegen der rechtsseitigen Pierce-Zerlegung gilt $e_i A = \bigoplus_{j=1}^{n} e_i A e_j$.
Also ist e_i genau dann linksseitig-Pierce-orthogonal, wenn $e_i A = e_i A e_i$ gilt. Nach Lemma 5 ist die Pierce-Komponente $e_i A e_i$ eindimensional.

ad(ii): Wende (i) auf die Algebra A^- an.

ad(iii): Diese Aussage ist nach (i) und (ii) dazu äquivalent, dass $A e_i = \langle e_i \rangle_K = e_i A$ gilt. Offenbar ist dann dass Hauptideal $A e_i A$ eindimensional. Ist es eindimensional, so sind auch $A e_i$ und $e_i A$ eindimensional, da sie in $A e_i A$ enthalten sind.⋄

Proposition 18 *Seien K ein Körper und A eine endlich-dimensional assoziative auflösbare K-Algebra mit separabler Radikalfaktorstruktur. Dann liegt jedes halbeinfache Ideal im Radikalkomplement des Zentrums von A. Insbesondere ist jedes beidseitig-Pierce-orthogonale Element zentral, falls A zusätzlich zerfallend ist und ein selbstzentrales Radikalkomplement besitzt.*

Beweis: Sei I ein halbeinfaches Ideal von A. Nach Satz 3.3.2 in [19] ist I separabel, liegt also nach Korollar 2.3.7 in [19] in einem Radikalkomplement von A. Da nach Korollar 2.3.7 in [19] alle Radikalkomplemente unter der Gruppe $(rad(A); \star)$ konjugiert sind und I ein Ideal ist, liegt I im Schnitt aller Radikalkomplemente. Mit Korollar 5.1.5 in [19] folgt, dass dieser Schnitt genau das Radikalkomplement des Zentrums von A ist. Der Zusatz folgt aus Proposition 17, Teil (iii) durch Anwendung auf das halbeinfache Ideal $A e_i A$.⋄

Satz 24 *Seien A eine assoziative unitäre endlich-dimensionale K-Algebra mit Zerfällungskörper K und $e_1, \cdots, e_n$ paarweise orthogonale Idempotente von A, so dass ihr K-Erzeugnis ein selbstzentrales Radikalkomplement ist.*

(i) $\langle e_i \mid i \in \underline{n}, e_i\ rechtsseitig - Pierce - orthogonal\rangle_K$ ist ein maximal halbeinfaches Linksideal von A.

(ii) Alle maximal halbeinfachen Linksideale von A sind unter $1 + rad(A)$ konjugiert.

(iii) Jedes halbeinfache Linksideal von A liegt modulo Konjugation mit $1 + rad(A)$ in $\langle e_i \mid i \in \underline{n}, e_i\ rechtsseitig - Pierce - orthogonal\rangle_K$.

(iv) $\langle e_i \mid i \in \underline{n}, e_i\ linksseitig - Pierce - orthogonal\rangle_K$ ist ein maximal halbeinfaches Rechtssideal von A.

(v) Alle maximal halbeinfachen Rechtssideale von A sind unter $1 + rad(A)$ konjugiert.

(vi) Jedes halbeinfache Rechtssideal von A liegt modulo Konjugation mit $1 + rad(A)$ in $\langle e_i \mid i \in \underline{n}, e_i\ linksseitig - Pierce - orthogonal\rangle_K$.

(vii) Jedes halbeinfache Ideal von A liegt in dem eindeutig bestimmten maximalen halbeinfachen Ideal $\langle e_i \mid i \in \underline{n}, e_i\ beidseitig - Pierce - orthogonal\rangle_K$. Dieses liegt in dem Radikalkomplement des Zentrums von A und ist der Schnitt von $\langle e_i \mid i \in \underline{n}, e_i\ linksseitig - Pierce - orthogonal\rangle_K$ und $\langle e_i \mid i \in \underline{n}, e_i\ rechtsseitig - Pierce - orthogonal\rangle_K$.

Beweis: ad(i)-(iii): Wir zeigen zunächst, dass die Teilalgebra $\hat{L} := \langle e_i \mid i \in \underline{n}, e_i\ rechtsseitig - Pierce - orthogonal\rangle_K$ ein halbeinfaches Linksideal ist. $\hat{L}$ liegt per Definition in dem kommutativen Radikalkomplement $\langle e_1, \cdots, e_n\rangle_K$. Nach Satz 3.3.2 in [19] ist $\hat{L}$ damit halbeinfach. Mit Hilfe von Proposition 17 erhalten wir zudem $A\hat{L} = \hat{L}$, also ist $\hat{L}$ ein halbeinfaches Linksideal von A.
Sei nun L ein halbeinfaches Linksideal von A. Nach Satz 3.3.2 in [19] ist L sogar separabel, liegt also nach Korollar 2.3.7 modulo Konjugation mit $1 + rad(A)$ in dem Radikalkomplement $\langle e_1, \cdots e_n\rangle_K$. Wiederum nach Satz 3.3.2 in [19] gibt es eine Teilmenge T von $\underline{n}$ mit $L = \langle e_t \mid t \in T\rangle_K$. Nach Lemma 5 gilt also $L = \bigoplus_{t \in T} e_t A e_t$. Sei $t \in T$. Wegen der rechtsseitigen Pierce-Zerlegung gilt $Ae_t = \bigoplus_{j=1}^{n} e_j A e_t$ und $Ae_t \subseteq L$, da L ein Linksideal ist. Daraus folgt nun leicht $e_j A e_t = 0$ für alle $j \neq t$.

ad(iv)-(vi): Wende (i)-(iii) auf A^- an.

ad(vii): Wende (i)-(vi) sowie Proposition 18 an und beachte, dass jedes Ideal unter Konjugation fix ist.$\diamond$

Satz 25 *Seien A eine assoziative unitäre endlich-dimensionale K-Algebra mit Zerfällungskörper K, und seien $e_1, \cdots, e_n$ paarweise orthogonale Idempotente von A, so dass ihr K-Erzeugnis ein selbstzentrales Radikalkomplement ist.*

(i) Zu jedem einfachen Linksideal $L \neq 0$ von A gibt es ein rechtsseitig-Pierce-orthogonales e_i, so dass L modulo Konjugation mit $1 + rad(A)$ mit $\langle e_i \rangle_K$ übereinstimmt. Dies sind sämtliche einfache Linksideale.

(ii) Zu jedem einfachen Rechtsideal $R \neq 0$ von A gibt es ein linksseitig-Pierce-orthogonales e_i, so dass R modulo Konjugation mit $1 + rad(A)$ mit $\langle e_i \rangle_K$ übereinstimmt. Dies sind sämtliche einfache Rechtsideale.

(iii) Zu jedem einfachen Ideal $L \neq 0$ von A gibt es ein beidseitig-Pierce-orthogonales e_i, so dass I mit zentralen $\langle e_i \rangle_K$ übereinstimmt. Dies sind sämtliche einfache Ideale.

Beweis: Wende die Sätze 24 und 3.3.2 in [19] sowie Proposition 17 an. ⋄

12.2 Konsequenzen für $K\Pi_n$ und D_n

Proposition 19 *Seien K ein Körper, $n \in \mathbb{N}$ und $P \in \Pi_n^<$.*

(i) e_P ist nur für $P = (\underline{n})$ rechtsseitig-Pierce-orthogonal.

(ii) e_P ist nur für $P = (1, 2, \cdots, n)$ linksseitig-Pierce-orthogonal.

(iii) e_P ist für $n \geq 2$ nicht beidseitig-Pierce-orthogonal.

(iv) e_P ist für $n = 1$ und $P = (1)$ beidseitig-Pierce-orthogonal.

Beweis: ad(i): Auf Seite 22 vor Corollary 5.5 in [16] gilt $dim(K\Pi_n e_P) = l(P)!$. Also besitzt das Linksideal $K\Pi_n e_P$ genau dann die Dimension Eins, wenn P die Länge 1 besitzt. Daher muss $P = (\underline{n})$ gelten.

ad(ii): Es gelte $e_Q K\Pi_n e_P = 0$ für alle $Q \in \Pi_n^<$ mit $Q \neq P$. Es gilt $(1, 2, \cdots, n) \in \Pi_n^<$ und $(1, 2, \cdots, n) \wedge Q = (1, 2, \cdots, n)$ für alle $Q \in \Pi_n$. Also ist $(1, 2, \cdots, n)$ kleiner als alle Elemente von Π_n bzgl $<$. Daher muss nach Theorem 6.4 in [16] schon $P = (1, 2, \cdots, n)$ gelten.
Sei nun $Q \in \Pi_n^<$, und es gelte $e_Q K\Pi_n e_{(1,2,\cdots,n)} \neq 0$. Nach Theorem 6.4 in [16] gilt daher $Q = Q \wedge (1, 2, \cdots, n)$. Insbesondere folgt daraus $l(Q) = n$. Wegen $Q \in \Pi_n^<$ erhalten wir $Q = (1, 2, \cdots, n)$. Somit gilt $e_Q K\Pi_n e_{(1,2,\cdots,n)} = 0$ für alle $Q \in \Pi_n^<$ mit $Q \neq (1, 2, \cdots, n)$.

ad(iii)+(iv): Wende (i) und (ii) an. ⋄

Satz 26 *Seien K ein Körper und $n \in \mathbb{N}$.*

(i) Die halbeinfachen und einfachen Linksideale $\neq 0$ von $K\Pi_n$ sind genau die unter $1 + rad(K\Pi_n)$ Konjugierten von $\langle e_{(\underline{n})}\rangle_K$.

(ii) Die halbeinfachen und einfachen Rechtsideale $\neq 0$ von $K\Pi_n$ sind genau die unter $1 + rad(K\Pi_n)$ Konjugierten von $\langle e_{(1,2,\cdots,n)}\rangle_K$.

(iii) Für $n \geq 2$ besitzt $K\Pi_n$ keine halbeinfachen Ideale $\neq 0$.

(iv) für $n = 1$ ist $K\Pi_1$ das einzige halbeinfache und einfache Ideal $\neq 0$ von $K\Pi_1$.

Beweis: Wende die Sätze 24, 25 und 9 sowie Proposition 19 an.◇

Proposition 20 *Seien K ein Körper der Charakteristik 0, $n \in \mathbb{N}$, D_n die Solomon-Algebra, $H_n := \langle \nu^p \mid p \vdash n \rangle_K$ erzeugt von paarweise orthogonalen Idempotenten wie in Lemma 3.4 in [3] und $p \vdash n$.*

(i) ν^p ist genau dann rechtsseitig-Pierce-orthogonal, wenn es $k, d \in \underline{n}$ gibt, so dass $p = d^k$ gilt.

(ii) ν^p ist genau dann linksseitig-Pierce-orthogonal, wenn es $d_1, d_2 \in \mathbb{N}_0$ gibt, so dass $p = 2^{d_2} 1^{d_1}$ gilt.

(iii) ν^p ist für ungerades n genau dann beidseitig-Pierce-orthogonal, wenn $p = 1^n$ gilt.

(iv) ν^p ist für gerades n genau dann beidseitig-Pierce-orthogonal, wenn $p = 1^n$ oder $p = 2^{\frac{n}{2}}$ gilt.

Beweis: ad(i): Nach Satz 3.5 in [3] ist die Dimension des Linksideales $D_n \nu^p$ genau die Anzahl der Assoziierten von p. Nach Lemma 9 und Satz 3.5 in [3] ist H_n selbstzentral. Mit Hilfe von Proposition 17 erhalten wir nun, dass ν^p genau dann rechtsseitig-Pierce-orthogonal ist, wenn p genau ein Assoziiertes besitzt. Daraus folgt offenbar (i).

ad(ii): Seien $d_1, d_2 \in \mathbb{N}_0$, so dass $p = 2^{d_2} 1^{d_1}$ gilt. Angenommen es gelte $\nu^p D_n \nu^r \neq 0$ für eine Partition r von n. Nach Satz 3.5 in [3] gibt es dann eine potenzfreie Zerlegung q von p, die zu r assoziiert ist. Die einzige potenzfreie Zerlegung von 2 ist 2 und von 1 auch 1. Daher muss q schon mit p übereinstimmen. Da es in jeder Assoziiertenklasse nur eine Partition gibt, folgt damit $p = q = r$. Es verbleibt zu zeigen, dass dies die einzigen Möglichkeiten sind.
Sei also $p = p_1 \cdots p_k$, und es gelte $p_1 \geq 3$. Sei r die Partition von n, die zu $p_2 \cdots p_k (p_1 - 1)1$ assoziiert ist. Mit $a := p_1 - 1$ und $b := 1$ gelten nun $a \neq b$ (wegen $p_1 \geq 3$) sowie $pab \cong r(a+b)$. Mit Hilfe von Satz 3.5 in [3] folgt nun $\nu^p D_n \nu^r \neq 0$.

ad(iii)+(iv): Wende (i) und (ii) an.◇

Satz 27 *Seien K ein Körper der Charakteristik 0, $n \in \mathbb{N}$, D_n die Solomon-Algebra und $H_n := \langle \nu^p \mid p \vdash n \rangle_K$ erzeugt von paarweise orthogonalen Idempotenten wie in Lemma 3.4 in [3].*

(i) *$\langle \nu^p \mid \exists k, d \in \mathbb{N}_0 : p = d^k \rangle_K$ ist ein maximal halbeinfaches Linksideal von D_n.*

(ii) *Alle maximal halbeinfachen Linksideale von D_n sind unter $1 + rad(D_n)$ konjugiert.*

(iii) *Jedes halbeinfache Linksideal von D_n liegt modulo Konjugation mit $1 + rad(D_n)$ in $\langle \nu^p \mid \exists k, d \in \mathbb{N}_0 : p = d^k \rangle_K$.*

(iv) *$\langle \nu^p \mid \exists d_1, d_2 \in \mathbb{N}_0 : p = 2^{d_2} 1^{d_1} \rangle_K$ ist ein maximal halbeinfaches Rechtsideal von D_n.*

(v) *Alle maximal halbeinfachen Rechtsideale von D_n sind unter $1 + rad(D_n)$ konjugiert.*

(vi) *Jedes halbeinfache Rechtsideal von D_n liegt modulo Konjugation mit $1 + rad(D_n)$ in $\langle \nu^p \mid \exists d_1, d_2 \in \mathbb{N}_0 : p = 2^{d_2} 1^{d_1} \rangle_K$.*

(vii) *Für ungerades n ist $\langle \nu^{1^n} \rangle_K$ das einzige halbeinfache Ideal $\neq 0$ von D_n.*

(viii) *Für gerades n sind $\langle \nu^{1^n} \rangle_K$, $\langle \nu^{2^{\frac{n}{2}}} \rangle_K$ und $\langle \nu^{1^n}, \nu^{2^{\frac{n}{2}}} \rangle_K$ die halbeinfachen Ideale $\neq 0$ von D_n.*

Beweis: Nach Lemma 9 und Satz 3.5 in [3] ist H_n selbstzentral. Die Behauptung folgt nun aus Satz 24 und Proposition 20.⋄

Satz 28 *Seien K ein Körper der Charakteristik 0, $n \in \mathbb{N}$, D_n die Solomon-Algebra und $H_n := \langle \nu^p \mid p \vdash n \rangle_K$ erzeugt von paarweise orthogonalen Idempotenten wie in Lemma 3.4 in [3].*

(i) *Zu jedem einfachen Linksideal $L \neq 0$ gibt es $k, d \in \mathbb{N}_0$, so dass L – modulo Konjugation mit $1 + rad(D_n)$ – mit $\langle \nu^{d^k} \rangle_K$ übereinstimmt. Dies sind sämtliche einfache Linksideale.*

(ii) *Zu jedem einfachen Rechtsideal $R \neq 0$ gibt es $d_2, d_1 \in \mathbb{N}_0$, so dass R – modulo Konjugation mit $1 + rad(D_n)$ – mit $\langle \nu^{2^{d_2} 1^{d_1}} \rangle_K$ übereinstimmt. Dies sind sämtliche einfache Rechtsideale.*

(iii) *Die einfachen Ideale $\neq 0$ von D_n sind für gerades n genau $\langle \nu^{1^n} \rangle_K$ und $\langle \nu^{2^{\frac{n}{2}}} \rangle_K$.*

(iv) *Für ungerades n ist $\langle \nu^{1^n} \rangle_K$ das einzige einfache Ideal $\neq 0$ von D_n.*

Beweis: Nach Lemma 9 und Satz 3.5 in [3] ist H_n selbstzentral. Die Behauptung folgt nun aus den Sätzen 25 und 3.3.2 in [19] sowie Proposition 20.⋄

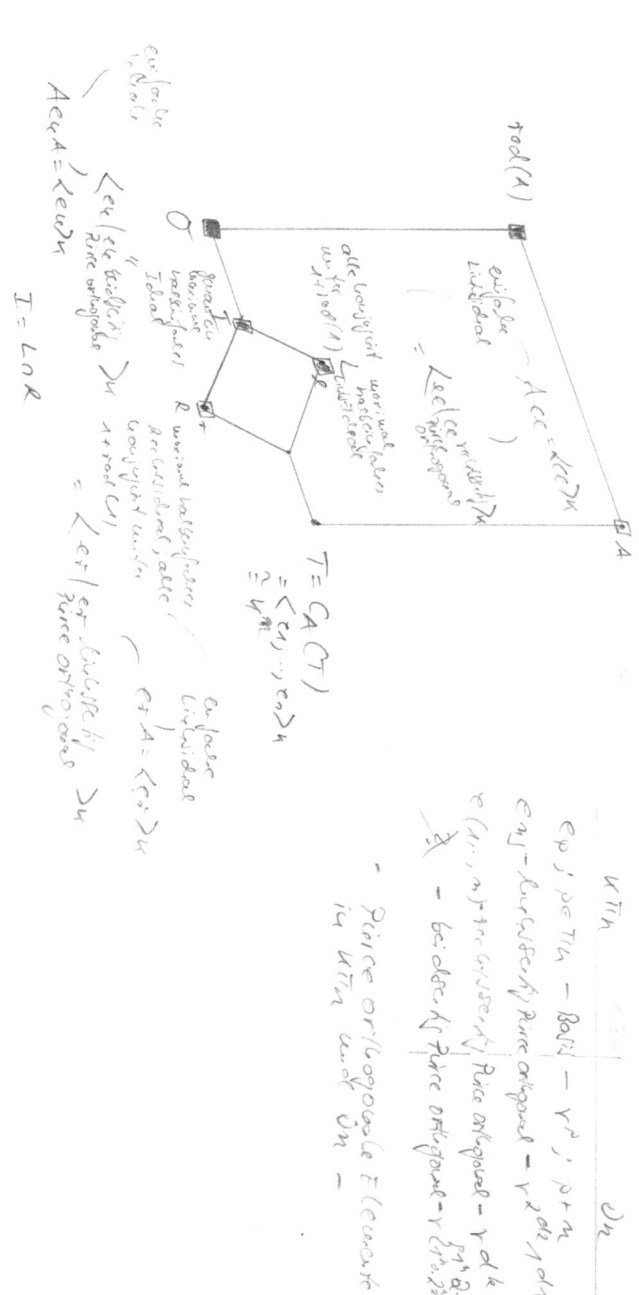

12.3 Offene Fragen

- Können die Ergebnisse dieses Kapitels auf Halbgruppenalgebren zu endlichen idempotenten Monoiden verallgemeinert werden?

- Können die Ergebnisse dieses Kapitels auf assoziative auflösbare Algebren erweitert werden, die ein selbstzentrales Radikalkomplement besitzen und nicht notwendig zerfallend sind?

12.4 Übungsaufgaben

Übungsaufgabe 155 *Seien A eine assoziative unitäre K-Algebra, R ein Rechtsideal und L ein Linksideal von A sowie $r, s \in rad(A)$. Dann ist $1 + r$ eine Einheit, und es gelten $L^{1+r} = L(1+r)$ sowie $R^{1+r} = (1+r')R$. Wann gilt $L(1+r) = (1+s')R$? Wann im Fall $r = s$?*

Übungsaufgabe 156 *Man bestimme die ungeordneten Mengenpartitionen von $\underline{6}$ und ihre Anzahl!*

Übungsaufgabe 157 *Sei K ein Körper. Was ist die Dimension von $e_{(1234)}K\Pi_4$? (Tip: Beweise dieses Kapitels studieren)*

Übungsaufgabe 158 *Gibt es stets maximale halbeinfache Links- und Rechtsideale sowie Ideale in assoziativen Algebren?*

Übungsaufgabe 159 *Sei K ein Körper. Was ist die Dimension von $K\Pi_4 e_{(1,2,3,4)}$? (Tip: Beweise dieses Kapitels studieren)*

Übungsaufgabe 160 *Sei K ein Körper. Man bestimme die einfachen, halbeinfachen und separablen Linksideale von $K\Pi_3$ und $K\Pi_4$! Welche Dimensionen haben die entsprechenden maximalen Linksideale?*

Übungsaufgabe 161 *Sei K ein Körper. Man bestimme die einfachen, halbeinfachen und separablen Rechtsideale von $K\Pi_3$ und $K\Pi_4$! Welche Dimensionen haben die entsprechenden maximalen Rechtsideale?*

Übungsaufgabe 162 *Sei K ein Körper. Man bestimme die einfachen, halbeinfachen und separablen Ideale von $K\Pi_3$ und $K\Pi_4$! Welche Dimensionen haben die entsprechenden maximalen Ideale?*

Übungsaufgabe 163 *Sei K ein Körper. Man bestimme die linksseitig, rechtsseitig und beidseitig Pierce-orthogonalen Idempotente bzgl. der orthogonalen Idempotenten $e_P, P \in \Pi_5^{\leq}$!*

147

Übungsaufgabe 164 *Sei K ein Körper der Charakteristik Null. Man bestimme die linksseitig, rechtsseitig und beidseitig Pierce-orthogonalen Idempotente bzgl. der orthogonalen Idempotenten $\nu^p, p \vdash 6$!*

Übungsaufgabe 165 *Sei K ein Körper der Charakteristik Null. Man bestimme die einfachen, halbeinfachen und separablen Linksideale von D_3 und D_4! Welche Dimensionen haben die entsprechenden maximalen Linksideale?*

Übungsaufgabe 166 *Sei K ein Körper der Charakteristik Null. Man bestimme die einfachen, halbeinfachen und separablen Rechtssideale von D_3 und D_4! Welche Dimensionen haben die entsprechenden maximalen Rechtsideale?*

Übungsaufgabe 167 *Sei K ein Körper der Charakteristik Null. Man bestimme die einfachen, halbeinfachen und separablen Ideale von D_3 und D_4! Welche Dimensionen haben die entsprechenden maximalen Ideale?*

Übungsaufgabe 168 *Seien K ein Körper und $n \in \mathbb{N}$. Man analysiere, in wiefern die Ergebnisse dieses Kapitels auf die Algebra der unteren Dreiecksmatrizen übertragbar sind! Hinweis: Diagonalmatrizen*

Übungsaufgabe 169 *Inwiefern lassen sich die Ergebnisse dieses Kapitels von halbeinfachen Links- und Rechtsidealen sowie Ideale auf separable Links- und Rechtsideale sowie Ideale übertragen? Hinweis: halbeinfach = separabel bei Auflösbarkeit!*

Übungsaufgabe 170 *Seien K ein Körper, $n \in \mathbb{N}$ und $P \in \Pi_n$. Ist dann e_p linksseitig und/oder rechtsseitig Pierce-orthogonal?*

Übungsaufgabe 171 *Seien A eine assoziative K-Algebra, $r \in \mathrm{rad}(A)$, $e_1, \cdots, e_n$ paarweise orthogonale Idempotente von A, deren Summe das Einselement von A ist und $i \in \underline{n}$. Ist e_i linksseitig/rechtsseitig/beidseitig Pierce-orthogonal, so ist $(e_i)^{1+r}$ linksseitig/rechtsseitig/beidseitig Pierce-orthogonal bzgl. der paarweise orthogonalen Idempotenten $(e_1)^{1+r}, \cdots, (e_n)^{1+r}$, deren Summe das Einselement von A ist.*

Übungsaufgabe 172 *Seien A eine assoziative K-Algebra, $r \in \mathrm{rad}(A)$, $e_1, \cdots, e_n$ sowie $f_1, \cdots, f_n$ paarweise orthogonale Idempotente von A, deren Summe das Einselement von A ist und deren K-Erzeugnisse ein (selbstzentrales) Radikalkomplement bilden. Wie hängen diese und die entsprechenden linksseitig/rechtsseitig/beidseitig Pierce-orthogonalen Elemente zusammen? (Tip: Wedderburn-Malcev und die Eindeutigkeit der Zerlegung anwenden; dann die vorherige Übiungsaufgabe benutzen)*

Übungsaufgabe 173 *Seien A eine assoziative rechtsartinsche K-Algebra, I ein Ideal, L ein Links- und R ein Rechtsideal von A. Es gelten folgende Aussagen:*

(i) $L + R$ ist eine Teilalgebra von A.

(ii) $L \cap R$ ist ein Ideal von A.

(iii) $L/(L \cap R)$ und $L/(L \cap R)$ sind Ideale von $(L+R)/(L \cap R)$.

(iv) $L/(L \cap R)$ und $L/(L \cap R)$ sind direkt in $(L+R)/(L \cap R)$.

(v) Sind I und A/I halbeinfach, so auch A, und die Umkehrung dieser Aussage gilt auch. (Tip: Was ist das Radikal von A/I bzw. von I?)

(vi) Seien A endlich-dimensional und auflösbar sowie L, R halbeinfach. Dann ist auch $L + R$ halbeinfach.

Anmerkung: Die letzte Aussage kann auf die maximal halbeinfachen Rechtsideale und Linksideale im Kontext von Satz 24 angewendet werden. Welche strukturelle Bedeutung diese halbeinfachen Teilalgebren (die Summen von L und R) für A besitzen, ist dem Autor nicht bekannt. Der Schnitt ist jedoch das grösste halbeinfache Ideal. Der Leser möge untersuchen, was im Fall von $K\Pi_n$ und D_n über die Summe auszusagen ist!

Kapitel 13

Antiautomorphismen

In diesem Kapitel liegt der Fokus auf den Antiautomorphismen von D_n und $K\Pi_n$:

- Bestimmung der Dimension der maximal halbeinfachen Links- und Rechtsideale von D_n

- Konsequenz, dass es im Wesentlichen keine Antiautomorphismen von D_n gibt

- Bestimmung aller Antiautomorphismen in den verbleibenden Fällen von D_n

- Bestimmung der maximalen Dimension der projektiv unzerlegbaren Links- und Rechtsideale von $K\Pi_n$

- Konsequenz, dass es im Wesentlichen keine Antiautomorphismen von $K\Pi_n$ gibt

- Bestimmung aller Antiautomorphismen in den verbleibenden Fällen von $K\Pi_n$.

13.1 Dimensionen maximal halbeinfacher Rechts- und Linksideale von D_n

Definitionen 15 Seien A, B K-Algebren. Mit $Iso(A, B)$ bezeichnen wir die Menge der K-Algebrenisomorphismen zwischen A und B.[1] Speziell setzen wir $Aut(A) := Iso(A, A)$ und $Ant(A) := Iso(A, A^-)$. Die Elemente von $Aut(A)$ bzw. $Ant(A)$ heissen bekanntlich Automorphismen bzw. Anti-Automorphismen von A. Die inneren Automorphismen von A bezeichnen wir mit $Inn(A)$.

---
[1] Genauer müsste es also $Iso_K(A, B)$ heissen. Der Leser möge den Bezug zum Körper K dem Kontext entnehmen.

Für jedes $n \in \mathbb{N}$ sei $\tau(n)$ die Anzahl aller Teiler von n sowie C_n eine zyklische Gruppe der Ordnung n.◇

Korollar 19 *Seien K ein Körper mit $char(K) = 0$ und $n \in \mathbb{N}$.*

(i) Alle maximal halbeinfachen Linksideale von D_n besitzen die Dimension $\tau(n)$.

(ii) Für gerades n besitzen alle maximal halbeinfachen Rechtsideale von D_n die Dimension $\frac{n}{2} + 1$.

(iii) Für ungerades n besitzen alle maximal halbeinfachen Rechtsideale von D_n die Dimension $\frac{n+1}{2}$.

(iv) Für ungerades bzw. gerades n ist 1 bzw. 2 die Dimension des maximal halbeinfachen Ideals von D_n.

(v) D_n ist nur für $n = 1, 2$ kommutativ.

Beweis: ad(i): Wende die Teile (i) und (ii) von Satz 27 an.

ad(ii): Für gerades n sind die Partitionen von n der Form $2^{d_2}1^{d_1}$ mit $d_2, d_1 \in \mathbb{N}_0$ genau

$$\begin{aligned}
& 1 \cdots 1 \\
& 21 \cdots 1 \\
& 221 \cdots 1 \\
& \cdots \\
& 2 \cdots 211 \\
& 2 \cdots 2.
\end{aligned}$$

Dies sind genau $\frac{n}{2} + 1$ Stück. Mit den Teilen (iv) und (v) von Satz 27 folgt nun (ii).

ad(iii): Für ungerades n sind die Partitionen von n der Form $2^{d_2}1^{d_1}$ mit $d_2, d_1 \in \mathbb{N}_0$ genau

$$\begin{aligned}
& 1 \cdots 1 \\
& 21 \cdots 1 \\
& 221 \cdots 1 \\
& \cdots \\
& 2 \cdots 2111 \\
& 2 \cdots 21.
\end{aligned}$$

Dies sind genau $\frac{n+1}{2}$ Stück. Mit den Teilen (iv) und (v) von Satz 27 folgt nun (ii).

n	$\tau(n)$	$\frac{n}{2}+1$	$\frac{n+1}{2}$
1	1		1
2	2	2	
3	2		2
4	3	3	
5	2		3
6	4	4	
7	2		4
8	4	5	
9	3		5
10	4	6	

Tabelle 13.1: Dimensionen maximal halbeinfacher Rechts- und Linksideale von D_n

ad(iv): Wende die Teile (vii) und (viii) von Satz 27 an.

ad(v): Nach Lemma 5 und Teil (f) von Satz 3.5 in [3] gibt es ein selbstzentrales Radikalkomplement. Also ist D_n genau dann kommutativ, wenn D_n halbeinfach ist. Nach Satz 3.3 in [3] ist das Radikal von D_n genau dann Null, wenn jede Zerlegung von n genau ein Assoziiertes besitzt. Man überlegt sich leicht, dass dies nur für $n = 1, 2$ möglich ist.◇

Beispiel 8 Sei $n \in \mathbb{N}$. Wir listen die in den Teilen (i), (ii) und (iii) von Korollar 19 berechneten Dimensionen für $n \leq 10$ in Tabelle 13.1 auf. Dabei ist $\frac{n}{2}+1$ bzw. $\frac{n+1}{2}$ nur für gerades bzw. ungerades n gefüllt. Ist $n = \prod_{i=1}^{s} p_i^{r_i}$ die Primfaktorzerlegung von n, so folgt aus der Existenz und Eindeutigkeit derselben, dass $\tau(n) = \prod_{i=1}^{r_i}(r_i + 1)$ gilt.◇

13.2 Antiautomorphismen von D_n

Proposition 21 *Seien K ein Körper mit $char(K) = 0$ und $n \in \mathbb{N}$. Für $n \leq 2$ bzw. $n \in \mathbb{N}_{\geq 7} \cup \{5\}$ besitzt D_n einen bzw. keinen Anti-Automorphismus.*

Beweis: Ein Anti-Isomorphismus bildet ein halbeinfaches Links- bzw. Rechtsideal auf ein halbeinfaches Rechts- bzw. Linksideal ab. Gibt es also einen Anti-Isomorphismus, so muss die Dimension eines maximalen halbeinfachen Linksideals mit der eines maximalen halbeinfachen Rechtsideals (Existenz siehe Satz 27) übereinstimmen. Wegen Korollar 19 genügt es zu zeigen, dass $\tau(n) < \frac{n+1}{2} \leq \frac{n}{2}+1$ gilt. Nach [13] gilt $\tau(n) \leq \frac{7}{4}\sqrt[2]{n}$. Man überlegt sich leicht, dass für $n \geq 11$ die Ungleichung $\frac{7}{4}\sqrt[2]{n} < \frac{n+1}{2}$ gilt. Für $n = 5, 7, 8, 9, 10$ ist die Ungleichung $\tau(n) < \frac{n+1}{2}$ nach Beispiel 8 wahr.

	3	21	111
3	1	1	0
21	0	1	0
111	0	0	1.

Tabelle 13.2: Cartan-Matrix von D_3

Sei $n \leq 2$. Dann ist die Dimension von D_n maximal 2. Damit und mit der Unitärität von D_n folgt, dass D_n kommutativ ist, also den Anti-Automorphismus id_{D_n} – die Identität auf D_n – besitzt.◇

Die Teile (i) und (ii) der folgenden Proposition haben ihren Ursprung in einer Korrespondenz mit Thorsten Bauer:

Proposition 22 *Seien K ein Körper mit $char(K) = 0$, $n \in \mathbb{N}$, D_n die Solomon-Algebra mit Radikalkomplement $H_n := \langle \nu^p \mid p \vdash n \rangle_K$ erzeugt von paarweise orthogonalen Idempotenten wie in Lemma 3.4 in [3].*

(i) D_3 besitzt einen Anti-Isomorphismus, nämlich die Linearisierung α_3 der Abbildung $\nu^3 \mapsto \nu^{21}, \nu^{21} \mapsto \nu^3, \nu^{111} \mapsto \nu^{111}, \nu^3\nu_{21} \mapsto \nu^3\nu^{21}$.

(ii) D_4 besitzt einen Anti-Isomorphismus, nämlich die Linearisierung α_4 der Abbildung $\nu^4 \mapsto \nu^{211}, \nu^{31} \mapsto \nu^{31}, \nu^{211} \mapsto \nu^4, \nu^{22} \mapsto n u^{22}, \nu^{1111} \mapsto \nu^{1111}, \nu^4\nu_{31} \mapsto \nu^{31}\nu_{211}, \nu^{31}\nu_{211} \mapsto \nu^4\nu_{31}, \nu^4\nu_{211} \mapsto \nu^4\nu_{211}$.

(iii) D_6 besitzt keinen Anti-Isomorphismus.

(Zur Definition der Elemente $\nu_p, p \vdash n$ und $\omega_q, q \models n$ siehe Kapitel 3 in [3].)

Beweis: ad(i): Wir betrachten zunächst die beidseitige Pierce-Zerlegung zu den paarweise orthogonalen Idempotenten $\nu^p, p \vdash n$. Mit Hilfe von Satz 3.5 in [3] sind nur folgende Pierce-Komponenten ungleich Null: $\nu^3 D_3 \nu^3 = \langle \nu^3 \rangle_K$, $\nu^{21} D_3 \nu^{21} = \langle \nu^{21} \rangle_K$, $\nu^{111} D_3 \nu^{111} = \langle \nu^{111} \rangle_K$ und $\nu^3 D_3 \nu^{21} = \langle \nu^3\nu_{21} \rangle_K$. Daher ist $B_3 := \{\nu^3, \nu^{21}, \nu^{111}, \nu^3\nu_{21}\}$ eine K-Basis von D_3. Die Cartan-Matrix ist in Tabelle 13.2 aufgeführt. Daher genügt es zu zeigen, dass für alle $a, b \in B_3$ die Gleichung $(ab)\alpha_3 = (b\alpha_3)(a\alpha_3)$ gilt. Die zugehörigen Rechnungen sind in den folgenden beiden Tabellen 13.3 und 13.4 zusammengefasst. Die 'Transponierte' der zweiten Tabelle entspricht dabei der ersten. Die Rechnungen ergeben sich aus der Orthogonalität der Idempotenten $\nu^p, p \vdash n$ sowie mit Hilfe von Lemma 3.4 in [3]: Für alle $q \models n$ und $r \vdash n$ gilt $\omega_q \nu^r = \omega_q$, falls q und r assoziiert sind, und ansonsten Null. Weiter ist für alle $p \models n$ das Element ν_p bis auf einen Faktor aus K mit ω_p identisch. Die Rechnungen sind in den Tabellen 13.3 und 13.4 aufgeführt.

$(ab)\alpha_3$	v^3	v^{21}	v^{111}	v^3v_{21}
v^3	$v^3\alpha_3 = v^{21}$	$0\alpha_3 = 0$	$0\alpha_3 = 0$	$v^3v_{21}\alpha_3 = v^3v_{21}$
v^{21}	$0\alpha_3 = 0$	$v^{21}\alpha_3 = v^3$	$0\alpha_3 = 0$	$0\alpha_3 = 0$
v^{111}	$0\alpha_3 = 0$	$0\alpha_3 = 0$	$v^{111}\alpha_3 = v^{111}$	$0\alpha_3 = 0$
v^3v_{21}	$0\alpha_3 = 0$	$v^3v_{21}\alpha_3 = v^3v_{21}$	$0\alpha_3 = 0$	$0\alpha_3 = 0$

Tabelle 13.3: Verknüpfungstafel des Antiautomoprhismus α_3 von D_3, Teil 1

$(a\alpha_3)(b\alpha_3)$	v^{21}	v^3	v^{111}	v^3v_{21}
v^{21}	v^{21}	0	0	0
v^3	0	v^3	0	v^3v_{21}
v^{111}	0	0	v^{111}	0
v^3v_{21}	v^3v_{21}	0	0	0

Tabelle 13.4: Verknüpfungstafel des Antiautomoprhismus α_3 von D_3, Teil 2

154

	4	31	22	211	1111
4	1	1	0	1	0
31	0	1	0	1	0
22	0	0	1	0	0
211	0	0	0	1	0
1111	0	0	0	0	1.

Tabelle 13.5: Cartan-Matrix von D_4

$p \vdash 6$	6	51	42	33	321	411	222	3111	2211	21111	111111
$dim_K(D_6\nu^p)$	1	2	2	1	6	3	1	4	6	5	1
$\nu^6 D_6$	X	X	X		X	X		X	X	X	

Tabelle 13.6: Hilfstabelle zum Beweis, dass D_6 keinen Antiautomorphismus besitzt

ad(ii): Wie in (i) folgt mit Hilfe von Satz 3.5 in [3], dass die Menge $B_4 := \{\nu^4, \nu^{31}, \nu^{211}, \nu22, \nu^{1111}, \nu^4\nu_{31}, \nu^{31}\nu_{211}, \nu^4\nu_{211}\}$ eine K-Basis von D_4 ist, denn die Cartan-Matrix hat die in Tabelle 13.5 aufgeführte Gestalt. Daher genügt es zu zeigen, dass für alle $a, b \in B_4$ die Gleichung $(ab)\alpha_4 = (b\alpha_4)(a\alpha_4)$ gilt. Die zugehörigen Rechnungen sind in den folgenden beiden Tabellen zusammengefasst. Die 'Transponierte' der zweiten Tabelle entspricht dabei der ersten. Die Rechnungen ergeben sich aus der Orthogonalität der Idempotenten $\nu^p, p \vdash n$ sowie mit Hilfe von Lemma 3.4 in [3]: Für alle $q \models n$ und $r \vdash n$ gilt $\omega_q \nu^r = \omega_q$, falls q und r assoziiert sind, und ansonsten Null. Weiter ist für alle $p \models n$ das Element ν_p bis auf einen Faktor aus K mit ω_p identisch. Mit Hilfe der Beschreibung der Pierce-Komponenten in Satz 3.5 in [3] folgt zudem, dass $\gamma := \nu^4 v_{31} v^{31} v_{211}$ ein Fixpunkt unter α_4 ist. Die Rechnungen sind in den Tabellen 13.7 und 13.8 aufgeführt.

ad(iii): Gibt es einen Anti-Isomorphismus, so müssten nach dem Satz von Krull-Remak-Schmidt (siehe Fußnote am Ende dieses Abschnittes) zumindest das Maximum der Menge $\{dim_K(D_n\nu^p) \mid p \vdash n\}$ mit dem Maximum der Menge $\{dim_K(\nu^p D_n) \mid p \vdash n\}$ übereinstimmen (Diese Mengen beinhalten die Dimensionen der projektiv unzerlegbaren Links- bzw. Rechtsideale). Nach Satz 3.5 in [3] ist für $p \vdash n$ die Dimension des Linksideales $D_n\nu^p$ genau die Anzahl der Assoziierten von p. Sei $p \vdash n$. Dann stimmt das Rechtsideal $\nu^p D_n$ mit $\bigoplus_{r \vdash n} \nu^p D_n \nu^r$ überein (siehe Satz 3.5 in [3]). Die Pierce-Komponente $\nu^p D_n \nu^r$ ist nach Nach Satz 3.5 in [3] genau dann nicht Null, wenn es eine potenzfreie Zerlegung q von p gibt, die zu r assoziiert ist. In der Tabelle

13.6 sind die Dimensionen der Linksideale $D_6\nu^p$ für $p \vdash 6$ in der zweiten Zeile aufgeführt. Zusätzlich haben wir in der dritten Zeile mit X vermerkt, ob die Pierce-Komponente $\nu^6 D_6 \nu^p$ für $p \vdash 6$ ungleich Null ist. In der ersten Zeile sind alle Partitionen von 6 aufgelistet. Aus der Tabelle erkennen wir, dass die maximale Dimension der Linksideale $D_6 \nu^p$ für $p \vdash 6$ genau 6 ist, die maximale Dimension der Rechtsideale $\nu^p D_6$ mindestens 8 ist. Daraus erhalten wir (iii).◇[234]

---

[2] Wolfgang Krull (geboren am 26. August 1899 in Baden-Baden; gestorben am 12. April 1971 in Bonn) war ein deutscher Mathematiker. Sein Schwerpunkt war die kommutative Algebra. Krull war der Sohn eines Zahnarztes in Baden-Baden und studierte zunächst ab 1919 in Freiburg im Breisgau und Rostock, 1920 bis 1921 auch in Göttingen, wo er Schüler von Felix Klein war, ganz besonders aber von der Zusammenarbeit mit Emmy Noether geprägt wurde. 1922 promovierte er in Freiburg "Über Begleitmatrizen und Elementarteilertheorie" und wurde dort 1926 außerordentlicher Professor. 1928 ging er als ordentlicher Professor nach Erlangen. 1939 wurde er Nachfolger von Otto Toeplitz in Bonn, der schon 1935 wegen der Rassengesetze der Nationalsozialisten beurlaubt wurde. In Bonn blieb er bis zum Ende seiner Karriere, im Zweiten Weltkrieg unterbrochen vom meteorologischen Dienst bei der Kriegsmarine. Krull leistete einen bedeutenden Beitrag zur Ausarbeitung der modernen Ringtheorie. Nach Krull sind die Krulldimension (1928), Krulltopologie, Krull-Bewertungen, Krullringe und Krulls Hauptidealsatz benannt. Mit der Krulltopologie lässt sich der Hauptsatz der Galoistheorie auf unendliche Körpererweiterungen ausdehnen. Er war seit 1929 verheiratet und hatte zwei Töchter. Zu seinen Doktoranden zählen Wilfried Brauer, Manfred Breuer und Jürgen Neukirch.

[3] Robert Erich Remak (geboren am 14. Februar 1888 in Berlin; gestorben am 13. November 1942 in Auschwitz) war ein deutscher Mathematiker. Er ist bekannt für die Remaksche Zerlegung einer Gruppe, außerdem arbeitete Remak in der Zahlentheorie, Potentialtheorie und der Geometrie der Zahlen. Remak studierte an der Berliner Universität bei Ferdinand Georg Frobenius und promovierte dort 1911. Nach seiner Habilitation arbeitete er zwischen 1929 und 1933 als Privatdozent an der Berliner Universität. Nach der Machtergreifung durch Hitler verlor Remak jedoch seine Stellung aufgrund seiner jüdischen Herkunft. Nach dem Novemberpogrom 1938 wurde Remak festgenommen und war mehrere Wochen im KZ Sachsenhausen bei Berlin inhaftiert. Nach der Entlassung emigrierte er in die Niederlande, wo er aber nach der Besetzung durch deutsche Truppen 1942 erneut festgenommen, nach Auschwitz deportiert und ermordet wurde. Seine Doktorarbeit "Über die Zerlegung der endlichen Gruppen in indirekte unzerlegbare Faktoren" beinhaltet einen häufig nach ihm, Wolfgang Krull und Otto Juljewitsch Schmidt benannten Satz der Gruppentheorie (der schon von Joseph Wedderburn 1909 bewiesen wurde). Remak befasste sich auch mit algebraischer Zahlentheorie.

[4] Otto Juljewitsch Schmidt (geboren am 18. September in Mogiljow; gestorben am 7. September 1956 in Moskau) war ein sowjetischer Politiker, Mathematiker, Geophysiker und Arktisforscher. Schmidt befasste sich vor allem mit Gruppentheorie, worüber er schon 1912, als er noch im Seminar von Grawe (dem Gründer der russischen Schule der Algebra) war, veröffentlichte. 1916 erschien sein Lehrbuch der Gruppentheorie, dem 1933 die zweite Auflage folgte. Es war das erste Lehrbuch, in dem neben endlichen auch gleichberechtigt unendliche Gruppen systematisch behandelt wurden und das erste russische Lehrbuch, in dem die Theorie der Gruppencharaktere behandelt wurde. Zwischen beiden Auflagen seines Buches profitierte er von Kontakten bei einem Aufenthalt 1927 in Göttingen bei David Hilbert, Emmy Noether und Issai Schur. Aus Schmidts Moskauer Algebra-Seminar (ab 1930) gingen Alexander Kurosch, Anatoli Iwanowitsch Malzew und Sergei Nikolajewitsch Tschernikow hervor.

156

$(a\alpha_4)(b\alpha_4)$	v^{211}	v^{31}	v^4	v^{22}	v^{1111}	$v^{31}v_{211}$	v^4v_{31}	v^4v_{211}
v^{211}	v^{211}	0	0	0	0	0	0	0
v^{31}	0	v^{31}	0	0	0	0	0	0
v^4	0	0	v^4	0	0	$v^{31}v_{211}$	v^4v_{31}	v^4v_{211}
v^{22}	0	0	0	v^{22}	0	0	0	0
v^{1111}	0	0	0	0	v^{1111}	0	0	0
$v^{31}v_{211}$	0	$v^{31}v_{211}$	0	0	0	0	0	0
v^4v_{31}	0	0	v^4v_{31}	0	γ	0	0	0
v^4v_{211}	v^4v_{211}	0	0	0	0	0	0	0

Tabelle 13.7: Verknüpfungstafel des Antiautomorphismus α_4 von D_4, Teil 1

$(ab)\alpha_4$	v^4	v^{31}	v^{211}	v^{22}	v^{1111}	$v^4 v_{31}$	$v^{31} v_{211}$	$v^4 v_{211}$
v^4	v^{211}	$0\alpha_4 = 0$	$0\alpha_4 = 0$	$0\alpha_4 = 0$	$0\alpha_4 = 0$	$v^4 v_{31}\alpha_4 = v^{31} v_{211}$	$0\alpha_4 = 0$	$v^4 v_{211}\alpha_4 = v^4 v_{211}$
v^{31}	0	$v^{31}\alpha_4 = v^{31}$	$0\alpha_4 = 0$	$0\alpha_4 = 0$	$0\alpha_4 = 0$	$0\alpha_4 = 0$	$v^{31} v_{211}\alpha_4 = v^4 v_{31}$	$0\alpha_4 = 0$
v^{211}	0	$0\alpha_4 = 0$	$v^{211}\alpha_4 = v^4$	$0\alpha_4 = 0$	$0\alpha_4 = 0$	$0\alpha_4 = 0$	$0\alpha_4 = 0$	$0\alpha_4 = 0$
v^{22}	0	$0\alpha_4 = 0$	$0\alpha_4 = 0$	$v^{22}\alpha_4 = v^{22}$	$0\alpha_4 = 0$	$0\alpha_4 = 0$	$0\alpha_4 = 0$	$0\alpha_4 = 0$
v^{1111}	0	$0\alpha_4 = 0$	$0\alpha_4 = 0$	$0\alpha_4 = 0$	$v^{1111}\alpha_4 = v^{1111}$	$0\alpha_4 = 0$	$0\alpha_4 = 0$	$0\alpha_4 = 0$
$v^4 v_{31}$	0	$v^4 v_{31}\alpha_4 = v^{31} v_{211}$	$0\alpha_4 = 0$	$0\alpha_4 = 0$	$0\alpha_4 = 0$	$0\alpha_4 = 0$	$\gamma\alpha_4 = \gamma$	$0\alpha_4 = 0$
$v^{31} v_{211}$	0	$0\alpha_4 = 0$	$v^{31} v_{211}\alpha_4 = v^4 v_{31}$	$0\alpha_4 = 0$	$0\alpha_4 = 0$	$0\alpha_4 = 0$	$0\alpha_4 = 0$	$0\alpha_4 = 0$
$v^4 v_{211}$	0	$0\alpha_4 = 0$	$v^4 v_{211}\alpha_4 = v^4 v_{211}$	$0\alpha_4 = 0$	$0\alpha_4 = 0$	$0\alpha_4 = 0$	$0\alpha_4 = 0$	$0\alpha_4 = 0$

Tabelle 13.8: Verknüpfungstafel des Antiautomorphismus α_4 von D_4, Teil 2

Die Teile (ix) und (x) der folgenden Proposition haben ihren Ursprung in einer weiteren Korrespondenz mit Thorsten Bauer:

Proposition 23 *Seien A eine Algebra und $\beta \in Ant(A)$.*

(i) $Iso(A, A^-) = Iso(A^-, A)$

(ii) $Iso(A, A) = Iso(A^-, A^-)$

(iii) $Ant(A) = Ant(A^-)$

(iv) $Aut(A) = Aut(A^-)$

(v) $Ant(A)^{-1} = Ant(A) (= Ant(A^-))$

(vi) $Ant(A)Aut(A) \subseteq Ant(A)$

(vii) $Aut(A)Ant(A) \subseteq Ant(A)$

(viii) $Ant(A)Ant(A) \subseteq Aut(A)$

(ix) $Ant(A) = \beta Aut(A) = Aut(A)\beta$
Gibt es einen Anti-Automorphismus von A, so gibt es genauso viele Anti-Automorphismen wie Automorphismen von A.

(x) $Aut(A) = \beta Ant(A) = Ant(A)\beta$

(xi) A kommutativ $\iff id_A \in Ant(A) \iff Ant(A) = Aut(A)$

Beweis: ad(i): Man überlegt sich durch einfaches Nachrechnen, dass $Iso(A, A^-)$ in $Iso(A^-, A)$ enthalten ist. Wendet man diese Inklusion mit A^- statt A an, so folgt (i).

ad(ii): Es gilt $A = (A^-)^-$, und daher folgt (ii) aus (i).

ad(iii)-(vii): Diese Aussagen folgen aus (i) und (ii).

ad(ix): Nach (vi) ist $\beta Aut(A)$ in $Ant(A)$ enthalten. Sei $\alpha \in Ant(A)$. Nach (v) gilt $\beta^{-1} \in Ant(A)$, also nach (viii) schon $\alpha\beta^{-1} \in Aut(A)$. Daraus folgt nun $Ant(A) = \beta Aut(A)$. Aus dieser Gleichheit und mit (v) folgt nun $Ant(A) = \beta^{-1}Aut(A)$. Invertieren führt zu $Ant(A)^{-1} = Aut(A)^{-1}\beta$, und mit (v) folgt dann $Ant(A) = Aut(A)\beta$.

ad(x): Nach (v) und (xi) gilt $Ant(A) = \beta^{-1}Aut(A) = Aut(A)\beta^{-1}$, und daraus folgt sofort (x).

ad(xi): Dies folgt leicht aus (ix).◇

Satz 29 *Seien K ein Körper mit $char(K) = 0$, $n \in \mathbb{N}$.*

(i) $Ant(D_1) = Aut(D_1)$, $Aut(D_1) = 1$

(ii) $Ant(D_2) = Aut(D_2)$, $Aut(D_2) \cong Inn(D_2) \times C_2$

(iii) $Ant(D_3) = \alpha_3 Aut(D_3)$, $Aut(D_3) = Inn(D_3)$

(iv) $Ant(D_4) = \alpha_4 Aut(D_4)$, $Aut(D_4) \cong Inn(D_4) \times C_2$

(v) Für $n \geq 5$ gilt $Ant(D_n) = \emptyset$.

Beweis: Die Behauptung folgt aus den Propositionen 21, 22 und 23 sowie aus Satz 4.22 in [3].⋄

Wir bemerken an, dass T. Bauer in seiner Dissertation [3] sogar für die Solomon-Algebra die Automorphismengruppe und die Lie-Algebra der Derivationen bestimmt hat: sie entpuppt sich in den meisten Fällen als die Innere. Ein entsprechendes Resultat ist für die Solomon-Tits-Algebra dem Autor nicht bekannt.

13.3 Dimensionen projektiv unzerlegbarer Links- und Rechtsideale von $K\Pi_n$

Definitionen 16 Ist $n \in \mathbb{N}$ und $Q := \{Q_1, \cdots, Q_k\}$ eine ungeordnete Mengenpartition von $\underline{n}$, so sei der Typ von Q – in Zeichen $Typ(Q)$ – die Partition von n, zu der das Wort $\mid Q_1 \mid \cdots \mid Q_k \mid$ assoziiert ist. Die Menge der ungeordneten Mengenpartitonen von $\underline{n}$ bezeichnen wir mit Π_n.⋄

Proposition 24 *Seien $n \in \mathbb{N}$, $p \vdash n$ und $M_p := \{Q \in \Pi_n \mid Typ(Q) = p\}$. Dann gilt $\mid M_p \mid= \frac{n!}{\prod\limits_{i \in \mathbb{N}} \mu_i(p)! i!^{\mu_i(p)}}$ und $\mid \Pi_n \mid = \sum\limits_{q \vdash n} \mid M_q \mid$.*

Beweis: Die symmetrische Gruppe vom Grad n operiert auf Π_n vermöge $\{Q_1, \cdots, Q_k\}\alpha := \{Q_1\alpha, \cdots, Q_k\alpha\}$ für alle $\alpha \in S_n$ und $\{Q_1, \cdots, Q_k\} \in \Pi_n$. Man überlegt sich leicht, dass die Bahnen dieser Operation genau die Mengen $M_q, q \vdash n$ sind. Daher gilt der zweite Teil der Behauptung. Sei $Q := \{Q_1, \cdots, Q_k\} \in M_p$, und seien $p_1, \cdots, p_l, t_1, \cdots, t_l \in \mathbb{N}$ mit $Typ(Q) = p = p_1^{t_1} \cdots p_l^{t_l}$. Der Stabilisator von Q unter S_n ist isomorph zu dem direkten Produkt der Gruppen $S_{t_i} \times (S_{p_i})^{t_i}, i \in \underline{l}$. Daraus folgt der erste Teil der Behauptung.⋄

Proposition 25 *Seien K ein Körper und $n \in \mathbb{N}$.*

(i) Für alle $Q \in \Pi_n^{\leq}$ gilt $dim_K(e_Q K\Pi_n) \leq dim_K(e_{(123\cdots n)} K\Pi_n)$.

(ii) $dim_K(e_{(123\cdots n)}K\Pi_n) = \sum_{p\vdash n}(|p|-1)!\frac{n!}{\prod_{i\in\mathbb{N}}\mu_i(p)!i!^{\mu_i(p)}}$

(iii) Für alle $Q \in \Pi_n^\leq$ gilt $dim_K(K\Pi_n e_Q) \leq dim_K(K\Pi_n e_{(1,2,3,\cdots,n)})$

(iv) $dim_K(K\Pi_n e_{(1,2,3,\cdots,n)}) = n!$

Beweis: ad(i): Für alle $P, Q \in \Pi_n^\leq$ sei $c_{P,Q} := dim(e_P K\Pi_n e_Q)$. Nach Remarks 6.5 in [16] ist für alle $P, Q \in \Pi_n^\leq$ mit $Q \leq P$ zu zeigen, dass $c_{P,Q} \leq c_{(123\cdots n),Q}$ gilt. Seien $P := (P_1, \cdots, P_l), Q := (Q_1, \cdots, Q_k) \in \Pi_n^\leq$ mit $Q \leq P$. Nach Theorem 6.4 in [16] gilt $c_{P,Q} = \prod_{j=1}^{l}(m_j - 1)!$, wobei $m_j = |\{i \mid i \in \underline{k}, Q_i \subseteq P_j\}|$. Insbesondere gilt $\sum_{j=1}^{l} m_j = k$ und $c_{(123\cdots n),Q} = (l(Q)-1)!$. Mit Hilfe des Multinomialkoeffizienten folgt nun:

$$\begin{aligned}
c_{P,Q} &= \prod_{j=1}^{l}(m_j - 1)! \\
&\leq (\sum_{j=1}^{l} m_j - 1)! \\
&= (k - l)! \\
&\leq (k - 1)! \\
&= (l(Q) - 1)! \\
&= c_{(123\cdots n),Q}.
\end{aligned}$$

ad(ii): Die Dimension des Rechtsideals $e_{(123\cdots n)}K\Pi_n$ stimmt nach Remarks 6.5 in [16] mit $\sum_{Q\in\Pi_n^\leq}(l(Q)-1)!$ überein. Da nach Bemerkung 7 die Menge $\Pi_n^\leq$ mit der Menge Π_n identifiziert werden kann, folgt nun weiter mit Proposition 24:

$$\begin{aligned}
dim_K(e_{(123\cdots n)}K\Pi_n) &= \sum_{Q\in\Pi_n^\leq}(l(Q)-1)! \\
&= \sum_{p\vdash n}\sum_{Q\in M_p}(l(Q)-1)! \\
&= \sum_{p\vdash n}\sum_{Q\in M_p}(|p|-1)! \\
&= \sum_{p\vdash n}|M_p|(|p|-1)! \\
&= \sum_{p\vdash n}(|p|-1)!\frac{n!}{\prod_{i\in\mathbb{N}}\mu_i(p)!i!^{\mu_i(p)}}.
\end{aligned}$$

n	r_n	l_n
1	1	1
2	2	2
3	6	6
4	26	24
5	150	120.

Tabelle 13.9: Dimensionen projektiv unzerlegbarer Rechts- und Linksideale von Π_n

ad(iii) + (iv): Sei $Q \in \Pi_n^\leq$. Die Dimension des Linksideals $K\Pi_n e_Q$ ist nach Theorem 5.4 in [16] genau $l(Q)!$. Daraus folgen leicht (iii) und (iv). $\diamond$

Bemerkung 21 Für $n \in \underline{5}$ listen wir die Dimensionen $r_n := dim_K(e_{(123\cdots n)}K\Pi_n)$ und $l_n := dim_K(K\Pi_n e_{(1,2,3,\cdots,n)})$ in Tabelle 13.9 auf. Die Dimensionen sind mit Hilfe von Proposition 25 berechnet worden. Der Quotient $\frac{r_n}{l_n}$ ist nach Proposition 25 genau $\sum_{p \vdash n} \frac{(|p|-1)!}{\prod_{i \in \mathbb{N}} \mu_i(p)! i!^{\mu_i(p)}}$. Für die spezielle Partitionen $i1^{n-i}, i = 2, \cdots, n$ von n berechnen wir den Bruch $b_p := \frac{(|p|-1)!}{\prod_{i \in \mathbb{N}} \mu_i(p)! i!^{\mu_i(p)}}$ sowie die Summe dieser Brüche. Als Grenzwert taucht hier $e - 2$ auf (siehe Tabelle 13.10).[5]

---

[5]Leonhard Euler (geboren am 15. April 1707 in Basel; gestorben am 18. September 1783 in Sankt Petersburg) war ein Schweizer Mathematiker, der wegen seiner Beiträge zur Analysis, zur Zahlentheorie und zu vielen weiteren Teilgebieten der Mathematik als einer der bedeutendsten Mathematiker gilt. Euler war extrem produktiv: Insgesamt gibt es 866 Publikationen von ihm. Ein großer Teil der heutigen mathematischen Symbolik geht auf Euler zurück (z. B. e, π, i, $\sum$, $f(x)$ als Bezeichnung eines Funktionstermes). 1744 gab er ein Lehrbuch der Variationsrechnung heraus. Euler kann auch als der eigentliche Begründer der Analysis angesehen werden. 1748 publizierte er das Grundlagenwerk "Introductio in analysin infinitorum", in dem zum ersten Mal der Begriff Funktion die zentrale Rolle spielt. Am 3. September 1750 las Leonhard Euler vor der Berliner Akademie der Wissenschaften ein Mémoire, in dem er erneut das von Isaac Newton deklarierte Prinzip Kraft gleich Masse mal Beschleunigung vorstellte. In den Werken "Institutiones calculi differentialis" (1755) und "Institutiones calculi integralis" (1768 bis 1770) beschäftigte er sich außer mit der Differential- und Integralrechnung unter anderem mit Differenzengleichungen, elliptischen Integralen sowie mit der Theorie der Gamma- und Betafunktion. Andere Arbeiten setzen sich mit Zahlentheorie, Algebra (z. B. Vollständige Anleitung zur Algebra, 1770), angewandter Mathematik (z. B. Mechanica, sive motus scientia analytica exposita, 1736 und Theoria motus corporum solidorum seu rigidorum, 1765) und sogar mit der Anwendung mathematischer Methoden in den Sozial- und Wirtschaftswissenschaften auseinander (z. B. Rentenrechnung, Lotterien, Lebenserwartung). In der Mechanik arbeitete er auf den Gebieten der Hydrodynamik (Eulersche Bewegungsgleichung, Turbinengleichung) und der Kreiseltheorie (Eulersche Kreiselgleichungen). Die erste analytische Beschreibung der Knickung eines mit einer Druckkraft belasteten Stabes geht auf Euler zurück; er begründete damit die Stabilitätstheorie. In der Optik veröffentlichte er Werke zur Wellentheorie des Lichts und zur Berechnung von optischen Linsen zur Vermeidung von Farbfehlern. Seine 1736 veröffentlichte Arbeit "Solutio problematis ad geometriam

$p \vdash n$	b_p	$\sum_{p \vdash n} b_p$
21^{n-2}	$\frac{1}{2}$	$\frac{1}{2}$
31^{n-3}	$\frac{1}{6}$	$\frac{4}{6}$
41^{n-24}	$\frac{1}{24}$	$\frac{17}{24}$
51^{n-2}	$\frac{1}{120}$	$\frac{86}{120}$
61^{n-2}	$\frac{1}{720}$	$\frac{517}{720}$
$\vdots$		
$(n-1)1$	$\frac{1}{(n-1)!}$	$\sum_{k=2}^{n-1} \frac{1}{k!}$
n	$\frac{1}{n!}$	$\sum_{k=2}^{n} \frac{1}{k!} \to e-2$

Für die Partition 221^{n-4} gilt $b_p = \frac{n-3}{8}$. ◇

Tabelle 13.10: Näherung des Quotientes der Dimensionen maximal halbeinfacher Rechts- und Linksideale von $K\Pi_n$

---

situs pertinentis" beschäftigt sich mit dem Königsberger Brückenproblem und gilt als eine der ersten Arbeiten auf dem Gebiet der Graphentheorie 1745 übersetzte Leonhard Euler das Werk "New principles of gunnery" des Engländers Benjamin Robins ins Deutsche. Es erschien im selben Jahre in Berlin unter dem Titel "Neue Grundsätze der Artillerie" enthaltend die Bestimmung der Gewalt des Pulvers nebst einer Untersuchung über den Unterschied des Wiederstands der Luft in schnellen und langsamen Bewegungen. Das Buch beschäftigt sich mit der sogenannten inneren Ballistik und (als Hauptthema) mit der äußeren Ballistik. Seit Galilei hatten die Artilleristen die Flugbahn der Geschosse als Parabeln angesehen, indem sie den Luftwiderstand wegen der Dünnheit der Luft vernachlässigen zu dürfen glaubten. Robins hat als einer der ersten wertvolle Experimente ausgeführt und gezeigt, dass dem nicht so ist; dass im Gegenteil die Flugbahn durch den Einfluss des Luftwiderstandes wesentlich abgeändert werde. Somit wurde dank Robins und Eulers Hilfe "das erste Lehrbuch der Ballistik" geschaffen. Da solch ein Lehrbuch einer Armee einen Vorteil verschaffte, wurde es 1777 wieder ins Englische und 1783 ins Französische übersetzt. In Frankreich wurde es sogar als of Besondere Bedeutung in der breiten Öffentlichkeit erlangte seine populärwissenschaftliche Schrift "Lettres à une princesse d'Allemagne" von 1768, in der er in Form von Briefen an die Prinzessin Friederike Charlotte von Brandenburg-Schwedt, eine Nichte Friedrichs des Großen, die Grundzüge der Physik, der Astronomie, der Mathematik, der Philosophie und der Theologie vermittelt. Weniger bekannt sind seine Arbeiten zum Stabilitätskriterium von Schiffen, in denen er das bereits erworbene, aber wieder verlorengegangene Wissen von Archimedes erneuerte. Euler widmete sich auch Aufgaben der Schachmathematik, z.B. dem Springerproblem. Zeitgenossen Eulers waren unter anderen Christian Goldbach, Jean Baptiste le Rond d'Alembert, Alexis-Claude Clairaut, Johann Heinrich Lambert und einige Mitglieder der Familie Bernoulli. Der deutsche Mathematiker Ferdinand Rudio (1856 bis 1929)

13.4 Antiautomorphismen von $K\Pi_n$

Definition 2 Ist M ein Monoid, so bezeichnen wir mit $Ant(M)$ die Menge der Anti-Automorphismen von M.◇

Proposition 26 *Seien K ein Körper und $n \in \mathbb{N}_{\geq 4}$. Dann gilt $Ant(K\Pi_n) = \emptyset = Ant(\Pi_n)$.*

Beweis: Sei $r_n := dim_K(e_{(123\cdots n)}K\Pi_n)$ und $l_n := dim_K(K\Pi_n e_{(1,2,3,\cdots,n)})$. Nach Proposition 25 ist r_n bzw. l_n die maximale Dimension der projektiv unzerlegbaren Rechts- bzw. Linksideale. Gäbe es einen Anti-Automorphismus von $K\Pi_n$, so müsste insbesondere $r_n = l_n$ gelten. Wegen Bemerkung 21 können wir daher $n \geq 6$ annehmen. Betrachten wir die Partitionen $21n-2, 31^{n-3}$ und 41^{n-4}, so erhalten wir mit Bemerkung 21 und Proposition 25, dass $\frac{r_n}{l_n} \geq \frac{17}{24}$ gilt. Es ist $\frac{17}{24} > \frac{7}{10}$. Durch Hinzunahme der Partition 221^{n-4} erhalten wir $\frac{r_n}{l_n} > \frac{7}{10} + \frac{n-3}{8}$. Für $n \geq 6$ ist $\frac{n-3}{8} > \frac{3}{10}$, und daher gilt $r_n > l_n$.◇

Proposition 27 *Sei K ein Körper.*

(i) $Ant(K\Pi_1) = Aut(K\Pi_1) = 1$

(ii) $Ant(\Pi_1) = Aut(\Pi_1) = 1$

(iii) Die Linearisierung β_2 mit $1\beta_2 = 1$, $(2,1)\beta_2 = 1 - (2,1)$ und $((2,1) - (1,2))\beta_2 = (2,1) - (1,2)$ ist ein Anti-Automorphismus von $K\Pi_2$.

(iv) Π_2 besitzt keinen Anti-Automorphismus.

(v) Die Automorphismen-Gruppe von $K\Pi_2$ besteht aus den inneren Automorphismen bzgl. der Untergruppe $1 + rad(K\Pi_2)$.

(vi) Sind M, N Monoide, und sind die Monoid-Algebren KM und KN isomorph, so sind die Monoide M und N i.A. nicht isomorph.

(vii) $\{1, 1 - e_2, 1 - 2e_2 + e_3\}$ ist ein zu Π_2 anti-isomorphes Teilmonoid von $K\Pi_2$.

(viii) Π_3 und $K\Pi_3$ besitzen keinen Anti-Automorphismus.

Beweis: ad(i)+(ii): Diese Aussagen sind wegen $|\Pi_1| = 1$ wahr.

ad(iii)+(iv): Seien $e_2 := (2,1)$ und $e_3 := (1,2)$. Dann ist $\{1, e_2, e_3\}$ und daher auch $\{1 - e_2, e_2, e_2 - e_3\}$ eine K-Basis von Π_2. Aus den folgenden Rechnungen folgt (iii): Die 'Transponierte' der zweiten Tabelle 13.12 stimmt dabei mit der dritten Tabelle 13.13 überein. In der zweiten und dritten Tabelle wurde das Einselement nicht weiter beachtet. In der ersten Tabelle 13.11

---

initiierte die Herausgabe von Eulers sämtlichen Werken (ca. 70 Bände).

$\wedge$	1	e_2	e_3
1	1	e_2	e_3
e_2	e_2	e_2	e_2
e_3	e_3	e_3	e_3,

Tabelle 13.11: Verknüpfungstafel von Π_2

$(ab)\beta_2$	e_2	$e_2 - e_3$
e_2	$1e_2\beta_2 = e_2$	$0\beta_2 = 0$
$e_2 - e_3$	$(e_2 - e_3)\beta_2 = e_2 - e_3$	$0\beta_2 = 0,$

Tabelle 13.12: Verknüpfungstafel des Antiautomoprhismus β_2 von $K\Pi_2$, Teil 1

haben wir die Verknüpfung auf Π_2 dargestellt.

Wir zeigen jetzt, dass Π_2 keinen Anti-Automorphismus besitzt. Angenommen es existiere ein Anti-Automorphismus α von Π_2. Dann gilt $1\alpha = 1$. Da Π_2 nicht kommutativ ist ($e_2e_3 = e_2 \neq e_3 = e_3e_2$), muss $\alpha \neq id_{\Pi_2}$ gelten. Daher müsste schon $e_2\alpha = e_3$ und $e_3\alpha = e_2$ erfüllt sein. Dann ergäbe sich aber $(e_2e_3)\alpha = e_2\alpha = e_3 \neq e_2 = e_2e_3 = (e_3\alpha)(e_2\alpha)$, was ein Widerspruch ist.

ad(v): Nach Satz 3 wird das Radikal von $K\Pi_2$ von dem Element $r := e_{(1,2)} - e_{(2,1)}$ linear erzeugt, und die Elemente $e := e_{(12)} = (12) - (1,2)$ und $f := e_{(1,2)} = (1,2)$ erzeugen linear ein Radikalkomplement. Sei α ein Automorphismus von $K\Pi_2$. Nach Satz 26 gibt es dann $k, l, m \in K \setminus \{0\}$ und $x, y \in 1 + rad(K\Pi_2)$ mit $r\alpha = kr$, $e\alpha = le^x$ und $f\alpha = mf^y$. Seien zusätzlich $p, q \in K$ mit $x = 1 + pr$ und $y = 1 + qr$. In Verknüpfungstafel 13.14 ist die Verknüpfung der Elemente $e_{(12)}, e_{(1,2)}$ und $e_{(2,1)}$ dargestellt. Damit ergeben sich leicht die beiden folgenden Tafeln 13.15 und 13.16 bzgl. des Automorphismus α. Daraus erhalten wir $k = l = m = 1$ und $p = q$, also insbesondere $x = y$. Wegen $r^2 = 0$ gilt $r = r^x$, und somit ist α die Konjugation mit $1 + pr$.

ad(vi): Nach (iii) und (iv) sind $K\Pi_2$ und $(K\Pi_2)^-$, aber nicht Π_2 und $(\Pi_2)^-$ isomorph.

$(b\beta_2)(a\beta_2)$	$1 - e_2$	$e_2 - e_3$
$1 - e_2$	$1 - e_2$	$e_2 - e_3$
$e_2 - e_3$	0	0.

Tabelle 13.13: Verknüpfungstafel des Antiautomoprhismus β_2 von $K\Pi_2$, Teil 2

$\wedge$	$e_{(12)}$	$e_{(1,2)}$	$e_{(2,1)}$
$e_{(12)}$	$e_{(12)}$	0	$e_{(2,1)} - e_{(1,2)}$
$e_{(1,2)}$	0	$e_{(1,2)}$	$e_{(1,2)}$
$e_{(2,1)}$	0	$e_{(2,1)}$	$e_{(2,1)}.$

Tabelle 13.14: Verknüpfungstafel einer Basis von $K\Pi_2$

$(ab)\alpha$	r	e	f
r	0	0	kr
e	kr	le^x	0
f	0	0	$mf^y,$

Tabelle 13.15: Verknüpfungstafel des Automorphismus α von $K\Pi_2$, Teil 1

ad(vii): Die angegebene Menge ist das Bild von Π_2 unter β_2. Mit (iii) und (iv) folgt nun (vii).

ad(viii): Wir nehmen an, $K\Pi_3$ hätte einen Anti-Isomorphismus, den wir mit α bezeichnen. Sei $LH1(K\Pi_3)$ bzw. $RH1(K\Pi_3)$ die Menge derjenigen Elemente x von $K\Pi_3$, für die $K\Pi_3 \cdot x = \langle x \rangle_K$ bzw. $x \cdot K\Pi_3 = \langle x \rangle_K$ gilt (also die Erzeuger der eindimensionalen Links- bzw. Rechtshauptideale von $K\Pi_3$). α vermittelt eine Bijektion zwischen diesen beiden Mengen. Ist eine dieser beiden Mengen ein K-Teilraum, so auch die andere, und zwar von dergleichen K-Dimension. Wir zeigen, dass $RH1(K\Pi_3)$ ein 6-dimensionaler K-Teilraum von $K\Pi_3$ ist. Demzufolge muss auch $LH1(K\Pi_3)$ ein 6-dimensionaler K-Teilraum sein. Allerdings ist diese Dimension höchstens 5, was dann den Widerspruch leistet. Die Rechnungen können mit Hilfe der Verknüpfungstafel auf Seite 17 in der 13-dimensionalen Algebra $K\Pi_3$ mit viel Schreibaufwand durchgeführt werden, weswegen wir sie an dieser Stelle nicht mit einbinden. Stattdessen soll der Leser sie im Rahmen der Übungsaufgabe 174 durchführen. Der Ansatz ist, ein Element x aus $RH1(K\Pi_3)$ bzw. aus $LH1(K\Pi_3)$ mit Hilfe der 13-dimensionalen Basis $\{e_1, \ldots, e_{13}\}$ darzustellen und die Bedingung $x \cdot K\Pi_3 = \langle x \rangle_K$ bzw. $K\Pi_3 \cdot x = \langle x \rangle_K$ wiederum mit Hilfe

$(a\alpha)(b\alpha)$	kr	le^x	mf^y
kr	0	0	$mk^2 r$
le^x	klr	$l^2 e^x$	$lm(p-q)r$
mf^y	0	0	$m^2 f^y.$

Tabelle 13.16: Verknüpfungstafel des Automorphismus α von $K\Pi_2$, Teil 2

dieser Basis zu beschreiben. Dies führt zu umfangreichen Gleichungssystemen, deren Lösung dann die Behauptung zeigt.◇

Satz 30 *Seien K ein Körper und $n \in \mathbb{N}$.*

(i) $Ant(K\Pi_1) = Aut(K\Pi_1) = 1$

(ii) $Ant(\Pi_1) = Aut(\Pi_1) = 1$

(iii) $Ant(K\Pi_2) = \beta_2 Aut(K\Pi_2)$, $Aut(K\Pi_2) = Inn(K\Pi_2)$

(iv) Für $n \geq 3$ gilt $Ant(K\Pi_n) = \emptyset$.

(v) Für $n \geq 2$ gilt $Ant(\Pi_n) = \emptyset$.

Beweis: Die Behauptungen folgen direkt aus den Propositionen 26, 27 und 23.◇

· Kapitel 13.

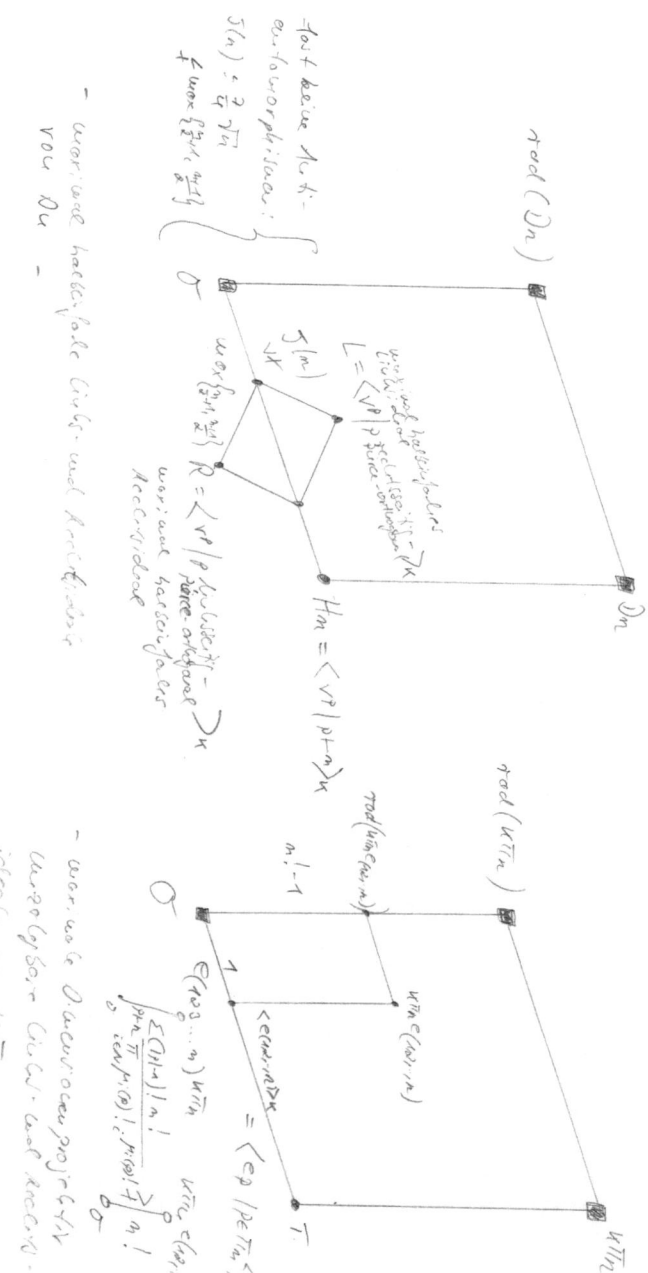

13.5 Offene Fragen

- Welche Antiautomorphismen hat eine endliche idempotente Monoidalgebra?
- Welche Antiautomorphismen hat ein endliches idempotentes Monoid?
- Sei $n \in \mathbb{N}$. Welche Automorphismen hat Π_n?
- Seien K ein Körper und $n \in \mathbb{N}$. Welche Automorphismen hat $K\Pi_n$?
- Ist die Spiegelungsabbildung s_n ein innerer oder äusserer Automorphismus von $K\Pi_n$?
- Sei M ein endliches idempotentes Monoid. Welche Automorphismen hat M?
- Seien K ein Körper und M ein endliches idempotentes Monoid. Welche Automorphismen hat KM?
- Seien K ein Körper und $n \in \mathbb{N}$. Welche Derivationen hat $K\Pi_n$?
- Seien K ein Körper und M ein endliches idempotentes Monoid. Welche Derivationen hat KM?
- Seien K ein Körper, $n \in \mathbb{N}$ und $P, Q \in \Pi_n$. Folgt aus $P < Q$ schon $dim_K(e_P K\Pi_n) \leq dim_K(e_Q K\Pi_n)$? Gilt analoges für die Linkshauptideale? Gilt etwas für Links- oder Rechtshauptideale erzeugt von P bzw. Q?

13.6 Übungsaufgaben

Übungsaufgabe 174 *Man führe die Rechnungen aus Teil (viii) von Proposition 27 in der 13-dimensionalen Algebra $K\Pi_3$ durch!*

Übungsaufgabe 175 *Für alle $n \in \mathbb{N}$ gilt $B(n) = \Pi_n$.*

Übungsaufgabe 176 *Sei A eine K-Algebra. Ist $(A^-)^-$ zu A isomorph oder sogar identisch mit A?*

Übungsaufgabe 177 *Konvergiert der Quotient $\frac{r_n}{l_n}$ aus Bemerkung 21 immer? Was ist mit der Differenz $r_n - l_n$?*

Übungsaufgabe 178 *Seien K ein Körper und $n \leq 3$. Ist die Spiegelung ein innerer oder äusserer Automorphismus von $K\Pi_n$?*

Übungsaufgabe 179 *Seien K ein Körper und G eine Gruppe. Dann sind KG und $(KG)^-$ isomorph. Gilt dieses Resultat auch für eine beliebige Halbgruppe G?*

Übungsaufgabe 180 *Man beweise folgende Aussage: Ist* $n = \prod_{i=1}^{s} p_i^{r_i}$ *die Primfaktorzerlegung von n, so folgt aus der Existenz und Eindeutigkeit derselben, dass* $\tau(n) = \prod_{i=1}^{r_i} (r_i + 1)$ *gilt.*

Übungsaufgabe 181 *Seien K ein Körper und* $n \in \mathbb{N}$. *Was ist die maximale Dimension der halbeinfachen bzw. einfachen Links- und Rechts- sowie beidseitigen Ideale von* $K\Pi_n$?

Übungsaufgabe 182 *Seien K ein Körper und* $n \in \mathbb{N}$. *Dann sind* $K^{n \times n}$ *und ihre Invers-Algebra isomorph! Was gilt, wenn man K durch eine assoziative unitäre K-Algebra ersetzt?*

Übungsaufgabe 183 *Für einen Körper K berechne man die Dimensionen der maximal halbeinfachen, separablen und einfachen Rechtsideale von* $K\Pi_{17}$!

Übungsaufgabe 184 *Für einen Körper K berechne man die Dimensionen der maximal halbeinfachen, separablen und einfachen Linksideale von* $K\Pi_{17}$!

Übungsaufgabe 185 *Für einen Körper K berechne man die Dimensionen der maximal halbeinfachen, separablen und einfachen Ideale von* $K\Pi_{17}$!

Übungsaufgabe 186 *Für einen Körper K der Charakteristik Null berechne man die Dimensionen der maximal halbeinfachen, separablen und einfachen Rechtsideale von* D_{17}!

Übungsaufgabe 187 *Für einen Körper K der Charakteristik Null berechne man die Dimensionen der maximal halbeinfachen, separablen und einfachen Linksideale von* D_{17}!

Übungsaufgabe 188 *Für einen Körper K der Charakteristik Null berechne man die Dimensionen der maximal halbeinfachen, separablen und einfachen Ideale von* D_{17}!

Übungsaufgabe 189 *Eine assoziative unitäre K-Algebra besitze 42 Automorphismen und mindestens einen Anti-Automorphismus. Wieviele Antiautomorphismen besitzt diese Algebra?*

Übungsaufgabe 190 *Besitzt eine assoziative unitäre K-Algebra stets einen Anti-Automorphismus?*

Übungsaufgabe 191 *Wenn eine assoziative untiäre K-Algebra einen Antiautomorphismus besitzt, existiert dann auch schon ein involutorischer?*

Übungsaufgabe 192 Sei K ein Körper. Man berechne die Automorphismen (inklusive der inneren) von $K\Pi_1$, $K\Pi_2$ und $K\Pi_3$! Gibt es äussere Automorphismen? Sind die Spiegelungen s_1, s_2 und s_3 innere oder äußere Automorphismen?

Übungsaufgabe 193 Sei K ein Körper. Man berechne die Derivationen (inklusive der inneren) von $K\Pi_1$, $K\Pi_2$ und $K\Pi_3$! Gibt es äussere Derivationen?[6]

Übungsaufgabe 194 Seien K ein Körper und $n \in \mathbb{N}$. Für $n = 1, ..., 20$ entscheide man, ob $K\Pi_n$ zu ihrer Invers-Algebra isomorph ist!

Übungsaufgabe 195 Sei $n \in \mathbb{N}$. Für $n = 1, ..., 20$ entscheide man, ob Π_n zu seinem Invers-Monoid isomorph ist!

Übungsaufgabe 196 Seien K ein Körper der Charakteristik Null und $n \in \mathbb{N}$. Für $n = 1, ..., 20$ entscheide man, ob D_n zu ihrer Invers-Algebra isomorph ist!

Übungsaufgabe 197 Man überlege sich, für welche $n \in \mathbb{N}$ die Ungleichung $\frac{7}{4}\sqrt[2]{n} < \frac{n+1}{2} \leq \frac{n}{2} + 1$ gilt.

Übungsaufgabe 198 Seien K ein Körper und $n \leq 3$. Besitzt die Algebra der unteren Dreiecksmatrizen von $K^{n \times n}$ einen (involutorischen) Anti-Isomorphismus? (Hinweis: siehe [19]!) Wie können sämtliche Anti-Isomorphismen beschrieben werden? Wie sämtliche Automorphismen? Wie sämtliche Derivationen? Gibt es eine Vermutung für allgemeines n?

---

[6]Die Derivationen der Solomon-Algebra im Falle eines Körpers der Charakteristik Null sind von Thorsten Bauer in [3] ermittelt worden. Dort kann auch die Definition nachgeschlagen werden.

Kapitel 14

Irreduzible Charakter-Werte

In diesem Kapitel liegt der Fokus auf den irreduziblen Charakteren endlicher idempotenter Monoidalgebren:

- Rekapitulation der Ermittlung der irreduziblen Charaktere
- Beschreibung der Werte 0 und 1 der irreduziblen Charaktere durch Teilhalbgruppen des zugehörigen endlichen idempotenten Monoids
- Ermittlung der Anzahl der Elemente dieser Teilhalbgruppen für den Fall Π_n
- Konsequenzen für die Rechtsideale $P \cdot K\Pi_n$ und $e_P \cdot K\Pi_n$
- Konsequenzen für die Linksideale $K\Pi_n \cdot P$ und $K\Pi_n \cdot e_P$.

14.1 Teilhalbgruppen und irreduzible Charaktere von $K\Pi_n$

Definitionen 17 Seien H eine Halbgruppe und $x, y \in H$. Wir definieren

- $Hx := \{zx \mid z \in H\}$ - Linksvielfache von x
- $xH := \{xz \mid z \in H\}$ - Rechtsvielfache von x
- $H_{\leq y} := \{z \mid z \leq y\}$ - Menge der bzgl. y kleineren Elemente
- $H_{\geq y} := \{z \mid y \geq z\}$ - Menge der bzgl. y grösseren Elemente
- $H_{>y} := H_{\geq y} \setminus [y]_\sim$ - Menge der bzgl. y kleineren, aber nicht assoziierten Elemente
- $H_{<y} := H_{\leq y} \setminus [y]_\sim$ - Menge der bzgl. y grösseren, aber nicht assoziierten Elemente

- $H_{>y<} := H \setminus (H_{\leq y} \cup H_{\geq y})$ - Menge der bzgl. y unvergleichbaren Elemente.⋄

Bemerkung 22 *Seien $n \in \mathbb{N}$ und $P, Q \in \Pi_n$. Dann gilt $P \leq Q$ genau dann, wenn $P = P \wedge Q$ gilt, denn es gilt: $P \wedge Q \wedge P = P \wedge Q$.⋄*

Lemma 9 *(Kenneth Brown, [6]) Sei M ein idempotentes Monoid.*

(i) $\sim$ ist eine Äquivalenzrelation auf M.

(ii) $m \leq 1$ für alle $m \in M$

(iii) $\leq$ ist reflexiv und transitiv auf M.

(iv) Für alle $x, y, z \in M$ gilt $xy \leq z$ genau dann, wenn $x \leq z$ und $x \leq y$ gelten.⋄

Bemerkung 23 *Sei H eine Halbgruppe und $\leq$ eine Relation auf H, die die Aussagen (iii) und (iv) aus Lemma 9 erfüllt. Definiert man die (Invers-)Relation $a \geq b$ durch $b \leq a$ auf H, so erfüllt $\geq$ dieselben Aussagen dieses Lemmas.⋄*

Aus Lemma 9 und Bemerkung 23 erhalten wir:

Folgerung 20 *Sei M ein idempotentes Monoid.*

(i) $1 \geq m$ für alle $m \in M$

(ii) $\geq$ ist reflexiv und transitiv auf M.

(iii) Für alle $x, y, z \in M$ gilt $xy \geq z$ genau dann, wenn $x \geq z$ und $x \geq y$ gelten.⋄

Als direkte Folgerung aus Lemma 9 und Bemerkung 23 erhalten wir:

Folgerung 21 *Seien M ein idempotentes Monoid und $a \in M$.*

(i) $M_{\leq a}$ ist eine Teilhalbgruppe von M.

(ii) $M_{\geq a}$ ist ein Teilmonoid von M.

(iii) $[a]_\sim$ ist eine Teilhalbgruppe von M.

(iv) $[a]_\sim = M_{\leq a} \cap M_{\geq a}$

(v) $M_{>a}$ ist eine Teilhalbgruppe von M.

(vi) $M_{<a}$ ist eine Teilhalbgruppe von M.

(vii) $M_{>a<}$ ist eine Teilhalbgruppe von M.

(viii) M ist disjunkte Vereinigung der Teilhalbgruppen $[a]_\sim, M_{>a}, M_{<a}$ und $M_{>a<}$. ⋄

Definition 3 Seien K ein Körper, M ein endliches idempotentes Momoid und $x \in M$. Wir definieren

$$\chi_x : M \longrightarrow K, m \mapsto \begin{cases} 1 & : \ m \in M_{\geq x} \\ 0 & : \ m \notin M_{\geq x} \end{cases}.$$

Ferner sei $\hat{\chi}_x$ die Linearisierung von χ_x auf KM. ⋄

Bemerkung 24 Seien K ein Körper, M ein endliches idempotentes Momoid und $x \in M$. Da $1\hat{\chi}_x = 1$ gilt, hat der Kern von $\hat{\chi}_x$ die Kodimension 1. Sei $z := \sum_{a \in M} k_a a \in KM$. Dann gilt $z\hat{\chi}_x = 0$ genau dann, wenn $\sum_{a \in M_{\geq x}} k a = 0$ gilt. Dies zeigt $Kern \hat{\chi}_x = Aug(KM_{\geq x}) \oplus KM_{<x} \oplus KM_{>x<}$. ⋄

Es gilt nun der folgende Satz:

Satz 31 *(Kenneth Brown, [6]) Seien K ein Körper und M ein endliches idempotentes Monoid. Dann gelten:*

(i) Für alle $x \in M$ ist $\hat{\chi}_x$ ein Epimorphismus von KM auf K.

(ii) Für alle $x, y \in M$ gilt $\hat{\chi}_x = \hat{\chi}_y$ genau dann, wenn $x \sim y$ gilt.

(iii) Ist R ein Repräsentantensystem für die Äquivalenzklassen von $\sim$ bzgl. M, so ist $\{\hat{\chi}_x \mid x \in R\}$ die Menge der irreduziblen Charaktere von KM. ⋄

Definition 4 Sei M ein idempotentes Monoid. Wir nennen ein Element m maximal bzw. minimal bzgl. $\leq$, wenn für alle $x \in M$ die Beziehung $x \leq m$ bzw. $m \leq x$ gilt. ⋄

Bemerkung 25 Sei M ein idempotentes Monoid. Ist m ein maximales bzw. minimales Element bzgl. $\leq$, so ist $[m]_\sim$ die Menge aller maximalen bzw. minimalen Elemente von M, da alle minimalen bzw. maximalen Elemente per Definition assoziiert sind.
Sei $n \in \mathbb{N}$. Dann gibt es genau ein maximales Element, nämlich 1_{Π_n}, und genau $n!$ minimale Elemente, nämlich alle Assoziierte von $(1, 2, 3, ..., n)$ in Π_n. ⋄

Beispiel 9 *Seien K ein Körper und $n \in \mathbb{N}$. Es gelten wegen Bemerkung 25:*

(i) $(\Pi_n)_{\geq 1} = \{1\}$, $(\Pi_n)_{<1} = M \setminus \{1\}$ und $(\Pi_n)_{>1<} = \emptyset$

(ii) $Kern \hat{\chi}_1 = \langle m \mid m \in \Pi_n, m \neq 1 \rangle_K$

(iii) $(\Pi_n)_{\geq(1,2,\ldots,n)} = M$, $(\Pi_n)_{<(1,2,\ldots,n)} = \emptyset$ *und* $(\Pi_n)_{>(1,2,\ldots,n)<} = \emptyset$

(iv) $Kern\chi_{(1,\hat{2},\ldots,n)} = \langle m - 1 \mid m \in \Pi_n \rangle_K.\diamond$

Definition 5 Sei $\sim$ eine Äquivalenzrelation auf einer Menge R. Ist T eine endliche Teilmenge von R, die disjunkte Vereinigung von Äquivalenzklassen von R bzgl. $\sim$ ist, so sei $T_\sim$ die Menge dieser Äquivalenzklassen und $\mid T_\sim \mid$ ihre Anzahl.$\diamond$

Bemerkung 26 Seien M ein idempotentes Monoid und $x \in M$. Dann sind (nach Lemma 9 und Folgerung 20) die Mengen $M_{>y<}, M_<, M_{>x}, M_{\leq x}, M_{\geq x}$ disjunkte Vereinigungen von Äquivalenzklassen bzgl. $\sim$.$\diamond$

Beispiel 10 Wir betrachten die irreduziblen Charaktere von $K\Pi_3$. Dazu benötigen wir den $<$-Verband auf Π_3. Diesen geben wir nun graphisch an, wobei wir nur einen Vertreter jeder Assoziiertenklasse angeben (denn ist $P \sim Q \leq R$, so ist $P \leq R$, da $\leq$ transitiv ist). Ein solches Vertretersystem ist z.B. gegeben durch die Menge $\Pi_3^<$. Oberhalb eines jeden Vertreters gibt die Zahl die Anzahl der Assoziierten diesen Vertreters an. Aus diesem Diagramm kann man die Werte in Tabelle 14.1 ableiten.

· Kapitel 14.

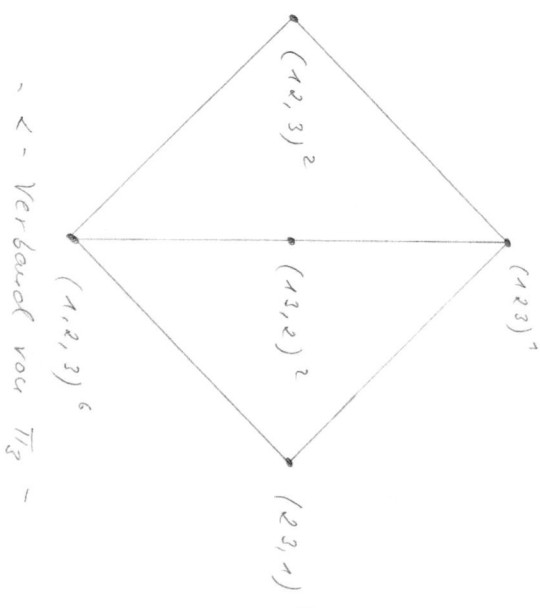

- < - Verband von Π_3 -

Die Elemente aus $(\Pi_3)_{\geq P}$ sind genau die Elemente aus Π_3, für die χ_P den Wert 1 annimmt. Entsprechend sind die Elemente aus Π_3, die von χ_P auf 0 abgebildet werden, die Elemente aus den disjunkten Mengen $(\Pi_3)_{<P}$ und $(\Pi_3)_{>P<}$. Diese drei Mengen ergeben zusammen ganz Π_3. Für obiges Diagramm genügt es zu wissen, wievielen Klassen jeweils in diesen Mengen enthalten sind. Die Anzahl der Elemente in einer Klassen ist gegeben durch die Fakultät der Länge eines (jedes) Elementes der jeweiligen Klasse.◇

Im Lichte dieses Beispieles analysieren wir, wieviele Klassen bzw. Elemente kleiner gleich bzw. grösser gleich einem Element aus $P \in \Pi_n$ sind. Für die unvergleichbaren sind es dann die entsprechenden Differenzen aus Π_n und $(\Pi_n)_{\geq P}$ sowie $(\Pi_n)_{<P}$. Die Mengen $(\Pi_n)_{<P}$ und $(\Pi_n)_{\leq P}$ unterscheiden sich um die Klasse $[P]_\sim$. Manfred Schocker beweist in [16], Remarks 6.4. die folgenden Einsichten über die Menge $(\Pi_n)_{\leq P}$:

Proposition 28 *Seien K ein Körper, $n \in \mathbb{N}$ und $P = (P_1, \cdots, P_l) \in \Pi_n$. Dann ist die Abbildung*

$$\Pi_{l(P)} \longrightarrow (\Pi_n)_{\geq P}, (I_1, \cdots, I_l) \mapsto (\bigcup_{i_1 \in I_1} P_{i_1}, \cdots, \bigcup_{i_l \in I_l} P_{i_l})$$

ein Monoidisomorphismus, der mit $\sim$ verträglich ist. Insbesondere gelten $\mid (\Pi_n)_{\geq P} \mid = \mid \Pi_{l(P)} \mid$ und $\mid ((\Pi_n)_{\geq P})_\sim \mid = \mid (\Pi_{l(P)})_\sim \mid$. Der Annulator von $K\Pi_n \cdot e_P$ ist ein Komplement von $K(\Pi_n)_{\geq P}$ in $K\Pi_n$.◇

Damit ist, das Problem der Bestimmung der Klassen und Anzahl von $(\Pi_n)_{\geq P}$ auf die von $\Pi_{l(P)}$ zurückgeführt. Diese Anzahlen haben wir ja bereits in dem Kapitel **Dimensionen** analysiert. Wir illustrieren dieses Ergebnis nun an einem Beispiel:

Beispiel 11 Seien $n = 10$ und $P := (123, 45, 6, 9(10), 78)$. Dann ist die Länge von P genau 5. Nach Bemerkung 8 und Beispiel 2 gibt es genau 541 Elemente $\geq$ als P. Diese sind disjunkte Vereinigung von 52 Klassen bzgl. $\sim$.◇

Proposition 29 *Seien $n \in \mathbb{N}$ und $P = (P_1, \cdots, P_r) \in \Pi_n$ mit $Typ(P) = (p_1, \cdots, p_r)$. Dann gelten:*

(i) $(\Pi_n)_{\leq p}$ besitzt genau $\prod_{i=1}^{r} \mid \Pi_{p_i}^{<} \mid = \prod_{i=1}^{r} B(p_i)$ Klassen.

(ii) Die Anzahl der Elemente in $(\Pi_n)_{\leq p}$ ist gegeben durch die Formel

$$\sum_{X_1 \in \Pi_{P_1}^{<}} \cdots \sum_{X_r \in \Pi_{P_r}^{<}} (l(X_1) + \cdots l(X_r))!$$
$$= \sum_{i_1=1}^{p_1} \cdots \sum_{i_r=1}^{p_r} S(p_1, i_1) \cdots S(p_r, i_r)(i_1 + \cdots i_r)!.$$

177

$\chi_P, P \in \Pi_3^<$	$\lvert(\Pi_3)_{\geq P}\rvert$	$\lvert(\Pi_3)_{\geq P}\rvert_\sim$	$\lvert(\Pi_3)_{<P}\rvert$	$\lvert((\Pi_3)_{<P})\rvert_\sim$	$\lvert(\Pi_3)_{>P<}\rvert$	$\lvert((\Pi_3)_{>P>})\rvert_\sim$
(1,2,3)	13	5	0	0	0	0
(12,3)	2	3	6	1	4	2
(1,23)	2	3	6	1	4	2
(2,13)	2	3	6	1	4	2
(123)	1	1	12	4	0	0

Tabelle 14.1: Charakterwerte bzgl. $K\Pi_3$

Beweis: Es ist $Q = (Q_1, ..., Q_r) \leq P = (P_1, ..., P_l)$ genau dann, wenn $Q = QP$ gilt (Q ist eine Verfeinerung von P.). Das ist genau dann der Fall, wenn für jedes Q_i ein P_j mit $Q_i \subseteq P_j$ existiert. Auf dem direkten Produkt $\Pi_{P_1} \times \cdots \times \Pi_{P_l}$ ist $\sim$ komponentenweise definiert. Des Weiteren ist $\sim$ auch auf $\Pi_{\leq P}$ definert, da dieses Teilmonoid disjunkte Vereinigung von $\sim$-Klassen ist. Wir betrachten die Abbildung $\varphi : \Pi_{P_1} \times \cdots \times \Pi_{P_l} \longrightarrow \Pi_{\leq P}$ durch Nebeneinanderlegen der Partitionen. Dann ist φ ein injektiver Monoidhomomorphismus. (Er ist i.A. nicht surjektiv, siehe Übungsaufgaben). Wir zeigen, dass er auf den $\sim$-Klassen eine Bijektion vermittelt, woraus die Behauptung folgt. Sind Q und R assoziiert im direkten Produkt, so auch in $\Pi_{\leq P}$ (denn: es sind sogar die Komponenten von Π_{P_j} schon durch Umordnung ineinander überführbar). Wenn $Q\varphi$ und $R\varphi$ in $\Pi_{\leq P}$ assoziiert sind, dann sind Q, R auf Grund der Definition von φ schon im direkten Produkt assoziiert: sie sind zwar durch Umordnung in $\Pi_{\leq P}$ ineinander überführbar, aber auf Grund der Disjunktheit von $P_1, ..., P_r$ sind schon die entsprechenden Partition der Faktoren assoziiert. Ist $Q \in \Pi_{\leq P}$, so genügt es, ein Assoziiertes von Q anzugeben, dass ein Urbild im direkten Produkt hat. Man ordne die Elemente von Q so um, dass zuerst die von P_1 stehen usw. bis P_l, was auf Grund der Definition von $\Pi_{\leq P}$ möglich ist. Dieses Element ist im direkten Produkt ein Urbild.⋄

Beispiel 12 Seien K ein Körper und $P := (12, 348, 567) \in \Pi_8$. Wir ermitteln die Anzahl der Elemente und der Klassen in $(\Pi_8)_{\leq P}$. Für $P_1 := \{1, 2\}$, $P_2 := \{3, 4, 8\}$ und $P_3 := \{5, 6, 7\}$ gilt $P = (P_1, P_2, P_3)$. Es ist Π_{P_1} isomorph zu Π_2, Π_{P_2} isomorph zu Π_3 und Π_{P_3} isomorph zu Π_3. Da Π_2 genau 2 und Π_3 genau 3 Klassen besitzt, besitzt $(\Pi_8)_{\leq P}$ genau $2 \cdot 5 \cdot 5 = 50$ Klassen.

Sei $Q := (12, 345) \in \Pi_5$. Es gibt in $\Pi_{\{1,2\}}$ genau ein Element der Länge 1 und genau 1 Element der Länge 2, in $\Pi_{\{3,4,5\}}$ genau ein Element der Länge 1, 3 Elemente der Länge 2 und 1 Element der Länge 3 in dem zugehörigen Vertretersystemen $\Pi_{\{1,2\}}^<$ bzw. $\Pi_{\{3,4,5\}}^<$. Daraus ergibt sich, dass es in $(\Pi_5)_{\leq Q}$ genau $2! + 3! \cdot 3 + 4! + 3! + 3 \cdot 4! + 5! = 242$ Elemente in $1 \cdot 3 = 3$ Klassen gibt.⋄

Wir beschliessen dieses Kapitel mit einigen Einsichten zu Hauptlinks-, Hauptrechts- und Hauptidealen erzeugt von Basiselementen von Π_n bzw. $e_P, P \in \Pi_n$.

Satz 32 *Seien K ein Körper, $n \in \mathbb{N}$ und $P \in \Pi_n$. Dann gelten:*

(i) $P \cdot K\Pi_n \subseteq K\Pi_n \cdot P$

(ii) Im Allgemeinen ist $P \cdot K\Pi_n$ echt in $K\Pi_n \cdot P$ enthalten.

(iii) $K\Pi_n \cdot P = K\Pi_n \cdot P \cdot K\Pi_n$ ist ein Ideal.

(iv) $K\Pi_n \cdot P = K(\Pi_n)_{\leq P}$ *ist eine endliche idempotente Halbgruppenalgebra der K-Dimension $|(\Pi_n)_{\leq P}|$, und es ist $K\Pi_n \cdot (1-P)$ ein Linksidealkomplement von $K\Pi_n \cdot P$ in $K\Pi_n$.*

(v) $\{PQ \mid Q \in \Pi_n\}$ *ist eine Teilhalbgruppe von $(\Pi_n)_{\leq P}$, die selbst ein Monoid mit dem Einselement P ist.*

(vi) *Die Linksmultiplikation λ_P mit P auf $K\Pi_n$ ist ein Algebrenhomomorphismus mit $Bild(\lambda_P) = P \cdot K\Pi_n$.*

(vii) $P \cdot K\Pi_n$ *ist eine endliche idempotente Monoidalgebra über $\{PQ \mid Q \in \Pi_n\}$, und es ist $(1-P) \cdot K\Pi_n$ ein Rechtsidealkomplement von $P \cdot K\Pi_n$ in $K\Pi_n$.*

Beweis: ad(i): Für alle $P, Q \in \Pi_n$ gelten $PQ \sim QP$ und $PQ, QP \leq P$ sowie $PQ, QP \leq Q$. Daher folgt (i) aus (iv).

ad(ii): Ist $P := (1, 2, \cdots, n)$, so ist $P \cdot K\Pi_n$ eindimensional, hingegen $K\Pi_n \cdot P$ sogar $n!$-dimensional.

ad(iii): Aus (i) folgt, dass $K\Pi_n \cdot P$ ein Ideal ist, folglich also mit dem Hauptideal $K\Pi_n \cdot P \cdot K\Pi_n$ übereinstimmt.

ad(iv): Für alle $Q \in \Pi_n$ gilt $QP \leq P$. Ist $Z \leq P$, so gilt $Z = ZP$. Also ist $\{QP \mid Q \in \Pi_n\} = (\Pi_n)_{\leq P}$. Da P ein Idempotent ist, folgt nun (iv).

ad(v): Seien $Q, R \in \Pi_n$. Es gelten $P(PQ) = PQ = (PQ)P$ sowie $(PQ)(PR) = (PQP)R = (PQ)R$.

ad(vi): Dies folgt aus (v).

ad(vii): Dies folgt aus (vi) sowie der Tatsache, dass P ein Idempotent ist.◇

Proposition 30 *Seien K ein Körper, $n \in \mathbb{N}$ und $P, Q \in \Pi_n$. Es gelten:*

(i) $PQ \sim QP$

(ii) *Sind $R, S \in \Pi_n$ mit $R \sim S$, so gelten $K\Pi_n \cdot R = K\Pi_n \cdot S$ und $R \cdot K\Pi_n = S \cdot K\Pi_n$.*

(iii) $K\Pi_n \cdot PQ = K\Pi_n \cdot QP$

(iv) $K\Pi_n PQ = (K\Pi_n \cdot P) \cap (K\Pi_n \cdot Q) = (K\Pi_n \cdot P)(K\Pi_n \cdot Q)$

(v) $PQ \cdot K\Pi_n = QP \cdot K\Pi_n$

(vi) $PQ \cdot K\Pi_n = (P \cdot K\Pi_n) \cap (Q \cdot K\Pi_n) = (P \cdot K\Pi_n)(Q \cdot K\Pi_n)$

(vii) $PQ \cdot K\Pi_n \subseteq K\Pi_n PQ$

Beweis: einfaches Nachrechnen sowie Satz 32.◇

Aus dieser Proposition sowie aus Satz 32 erhalten wir per Induktion:

Folgerung 22 *Seien K ein Körper, $n, r \in \mathbb{N}$, $\alpha \in S_r$ und $P_1, \cdots, P_r \in \Pi_n$. Es gelten:*

(i) $P_1 \cdots P_r \sim P_{1\alpha} \cdots P_{r\alpha}$

(ii) $K\Pi_n \cdot (P_1 \cdots P_r) = K\Pi_n \cdot (P_{1\alpha} \cdots P_{r\alpha})$

(iii) $K\Pi_n(P_{1\alpha} \cdots P_{r\alpha}) = \bigcap_{i=1}^{r}(K\Pi_n \cdot P_i) = \prod_{i=1}^{r}(K\Pi_n \cdot P_i)$

(iv) $(P_1 \cdots P_r) \cdot K\Pi_n = (P_{1\alpha} \cdots P_{r\alpha}) \cdot K\Pi_n$

(v) $(P_{1\alpha} \cdots P_{r\alpha}) \cdot K\Pi_n = \bigcap_{i=1}^{r}(P_i \cdot K\Pi_n) = \prod_{i=1}^{r}(P_i \cdot K\Pi_n)$

(vi) $(P_{1\alpha} \cdots P_{r\alpha}) \cdot K\Pi_n \subseteq K\Pi_n(P_{1\alpha} \cdots P_{r\alpha})$.◇

Manfred Schocker beweist in [16], Theorem 5.4 und in Remarks 6.5(1):

Satz 33 *Seien K ein Körper, $n \in \mathbb{N}$, $P := (P_1, \cdots, P_l) \in \Pi_n$ und $Typ(P) := (p_1, \cdots p_l)$. Dann gelten:*

(i) $K\Pi_n \cdot e_P$ *besitzt die Basis* $\{e_Q \mid Q \sim P\}$, *hat also die K-Dimension* $l(P)!$.

(ii) $e_P \cdot K\Pi_n$ *besitzt die K-Dimension* $2^l \cdot |\Pi_{p_1-1}| \cdots |\Pi_{p_l-1}|$.

(iii) $K\Pi_n \cdot e_P \cdot K\Pi_n$ *besitzt das K-Erzeugendensystem* $\{e_{RQ} \mid P \sim Q \leq R\}$.◇

14.2 Offene Fragen

- Seien K ein Körper und M ein endliches idempotentes Monoid. Können die Ergebnisse dieses Kapitels auf KM erweitert werden?
- Was ist die Dimension von $K\Pi_n \cdot e_P \cdot K\Pi_n$?

14.3 Übungsaufgaben

Übungsaufgabe 199 *Seien K ein Körper und $P := (3456, 17, 2) \in \Pi_7$. Man ermittle die Anzahl der Klassen von und der Elemente in $(\Pi_7)_{\leq P}$!*

Übungsaufgabe 200 *Ist die Abbildung in Proposition (auf den Elementen, nicht auf den Klassen bzgl. $\sim$) 29 surjektiv? Wann ist sie es? Ist sie es im Falle von Beispiel 12? Ist sie es im Falle von Übung 199?*

Übungsaufgabe 201 *Analog zu Beispiel 10 gehe man im Fall $n = 4$ vor und zeichne insbesondere das $\leq$-Diagramm von Π_4!*

Übungsaufgabe 202 *Seien K ein Körper und $n \in \mathbb{N}$. Für welche $P \in \Pi_n$ gilt:*

(i) $P \cdot K\Pi_n \subseteq K\Pi_n \cdot P$?

(ii) $e_P \cdot K\Pi_n \subseteq K\Pi_n \cdot e_P$?

(iii) $P \cdot K\Pi_n = K\Pi_n \cdot P$?

(iv) $e_P \cdot K\Pi_n = K\Pi_n \cdot e_P$?

(v) $K\Pi_n \cdot P \subseteq P \cdot K\Pi_n$?

(vi) $K\Pi_n \cdot e_P \subseteq e_P \cdot K\Pi_n$?

Übungsaufgabe 203 *Seien K ein Körper, A eine assoziative endlich-dimensionale K-Algebra und B eine Basis von A. Ist A bereits eine Duo-Algebra, falls für alle $b \in B$ die Gleichung $bA \subseteq Ab$ gilt?*

Übungsaufgabe 204 *Seien K ein Körper, A eine assoziative endlich-dimensionale K-Algebra und B eine Basis von A. Ist A bereits eine Duo-Algebra, falls für alle $b \in B$ die Gleichung $Ab \subseteq bA$ gilt?*

Übungsaufgabe 205 *Seien K ein Körper, A eine assoziative endlich-dimensionale K-Algebra und B eine Basis von A. Ist A bereits eine Duo-Algebra, falls für alle $b \in B$ die Gleichung $bA = Ab$ gilt?*

Übungsaufgabe 206 *Für $n = 9$ und $P := (3467, 12, 569, 8)$ bestimme analog zu Beispiel 11 die dort ermittelten Anzahlen! Welche Dimension hat der Annulator von $K\Pi_9 e_P$ in $K\Pi_9$ für einen beliebigen Körper K?*

Übungsaufgabe 207 *Man beweise Bemerkung 22!*

Übungsaufgabe 208 *Man beweise Folgerung 21!*

Übungsaufgabe 209 *Man beweise Lemma 9 durch das Studium des Artikels von Kenneth Brown [6]!*

Übungsaufgabe 210 *Sei $n \in \mathbb{N}$. Man ermittle ein $P \in \Pi_n$, so dass 1 kein Element von $M_{\geq P}$ ist. Ist es möglich, alle solche Elemente anzugeben?*

Übungsaufgabe 211 *Sei $n \in \mathbb{N}$. Ist $\leq$ antisymmetrisch auf Π_n?*

Übungsaufgabe 212 *Sei $n \in \mathbb{N}$. Ist $\leq$ symmetrisch auf Π_n?*

Übungsaufgabe 213 *Sei $n \in \mathbb{N}$. Ist $\leq$ konnex auf Π_n?*

Übungsaufgabe 214 *Man beweise Satz 31 durch das Studium des Artikels von Kenneth Brown [6]!*

Übungsaufgabe 215 *Man beweise Bemerkung 23!*

Übungsaufgabe 216 *Man beweise Bemerkung 25!*

Übungsaufgabe 217 *Man beweise Folgerung 20!*

Übungsaufgabe 218 *Seien K ein Körper, $n \in \mathbb{N}$ und $P \in \Pi_n$. Wann ist ρ_P ein Algebrenhomomorphismus auf $K\Pi_n$? Wann ist ρ_P injektiv, surjektiv oder bijektiv?*

Übungsaufgabe 219 *Für die in Bemerkung 23 definierte Invers-Relation beweise man, dass sie genau dann symmetrisch, anti-symmetrisch bzw. konnex ist, wenn die Ursprungsrelation es ist.*

Tabellenverzeichnis

1.1 Verknüpfungstafel von Π_2 31
1.2 Verknüpfungstafel von Π_3 32

3.1 Hilfstabelle zur Berechnung von $|\Pi_5|$ 43
3.2 untere Schranken von $|\Pi_n|$ 43
3.3 Dreiecks-Schema zur Berechnung der Bell-Zahlen 45
3.4 Partitionenzahlen und Bell-Zahlen 45

10.1 Nilpotenzklassen und auflösbare Stufen für $K\Pi_n$ und $(K\Pi_n)^\circ$ 120
10.2 Nilpotenzklassen und auflösbare Stufen für D_n und $(D_n)^\circ$ . . 121
10.3 Nilpotenzklassen und auflösbare Stufen für $E(K\Pi_n)$ 124
10.4 Nilpotenzklassen und auflösbare Stufen für $E(D_n)$ 126

13.1 Dimensionen maximal halbeinfacher Rechts- und Linksideale
von D_n 151
13.2 Cartan-Matrix von D_3 152
13.3 Verknüpfungstafel des Antiautomorphismus α_3 von D_3, Teil 1 153
13.4 Verknüpfungstafel des Antiautomorphismus α_3 von D_3, Teil 2 153
13.5 Cartan-Matrix von D_4 154
13.6 Hilfstabelle zum Beweis, dass D_6 keinen Antiautomorphismus
besitzt 154
13.7 Verknüpfungstafel des Antiautomorphismus α_4 von D_4, Teil 1 156
13.8 Verknüpfungstafel des Antiautomorphismus α_4 von D_4, Teil 2 157
13.9 Dimensionen projektiv unzerlegbarer Rechts- und Linksideale
von Π_n 161
13.10 Näherung des Quotientes der Dimensionen maximal halbeinfacher Rechts- und Linksideale von $K\Pi_n$ 162
13.11 Verknüpfungstafel von Π_2 164
13.12 Verknüpfungstafel des Antiautomorphismus β_2 von $K\Pi_2$, Teil 1 164
13.13 Verknüpfungstafel des Antiautomorphismus β_2 von $K\Pi_2$, Teil 2 164
13.14 Verknüpfungstafel einer Basis von $K\Pi_2$ 165
13.15 Verknüpfungstafel des Automorphismus α von $K\Pi_2$, Teil 1 . 165
13.16 Verknüpfungstafel des Automorphismus α von $K\Pi_2$, Teil 2 . 165

14.1 Charakterwerte bzgl. $K\Pi_3$ 177

Abbildungsverzeichnis

Graphik zu den Kapiteln 1 bis 3 49

Graphik zu Kapitel 4 64

Graphik zu Kapitel 5 76

Graphik zu Kapitel 6 87

Graphik zu den Kapiteln 7 und 8 102

Graphik zu Kapitel 9 114

Graphik zu Kapitel 10 128

Graphik zu Kapitel 11 137

Graphik zu Kapitel 12 146

Graphik zu Kapitel 13 168

Graphik zu Kapitel 14 176

Literaturverzeichnis

[1] Adrian Abraham Albert, Structure of algebras, Amer. Math. Soc. Colloq. Publ., vol. 24, Amer. Math. Soc, Providence, R. I., 1961. MR 23 A912.

[2] M. D. Atkinson, Solomon's descent algebra revisted, Bull. London Math. Soc. 24, 1992, 545-551

[3] Thorsten Bauer, Über die Struktur der Solomon-Algebren, Bayreuther Mathematische Schriften, Heft 63, 2001, 1-102

[4] Thorsten Bauer, Salvatore Siciliano, Carter subgroups of units of an associative algebra, Bull. Aust. Math. Soc. 71, No.3, pages 471-478, 2005

[5] Patrick Bidigare, Hyperplane arrangement face algebras and their associated Marcov chains, Ph.d. thesis, University of Micigan, 1997

[6] Kenneth S. Brown, Semigroup and ring theoretical methods in probability. In Representations of finite dimendional algebras and related topics in Lie theory and geometry, volume 40 of Fields Inst. Commun., pages 3-26. Amer. Math. Soc., Providence, RI, 2004

[7] R.C. Courter, Finite Dimensional Right Duo Algebras Are Duo, Proceedings of the AMS, Volume 84, Number 2, 1982

[8] Xiankun Du, The centers of a radical ring, Canad. Math. Bull. 35, no. 2, 174-179, 1992

[9] Yurij A. Drozd, Vladimir V. Kirichenko, Finite dimensional algebras, Springer-Verlag, Berlin-Heidelberg, 1994

[10] P.J. Morandi, B.A. Sethuramam, J.-P. Tagnol, Division algebras with an anti-automorphism but with no involution, Advances in geometry, Vol.5, Ser. 3, 2005

[11] Tadashi Nakayama, Note on Uni-serial and Generalized Uni-serial rings, Proc. Imp. Acad., Vol. 16, Number 7, 1940, pages 285-289

[12] Richard S. Pierce, Associative Algebras, Springer-Verlag, New York, 1982

[13] Wolfgang M. Ruppert, Vorlesungsskript Analytische Zahlentheorie, Wintersemester 04/05, Uni Erlangen, Teil 4, www.mi.uni-erlangen.de/ ruppert/WS0405/Teil4

[14] Winfried Scharlau, Automorphism and involutions of incidence algebras, Proc. Ottawa, 1994 Conf. On Repr. of algebras, Lecture Notes in Mathematics 488, Springer, Berlin, 1976, pages 340-350

[15] Günter Scheja, Uwe Storch, Lehrbuch der Algebra Teil 2, BG. Teubner Stuttgart, 1988

[16] Manfred Schocker, The module structure of the Solomon-Tits algebra of the symmetric group, J. Alg. 301(2006), No.2, pages 554-586 (Peprint available at http://arxiv.org/abs/math/0505137)

[17] Salvatore Siciliano, Cartan subalgebras in Lie algebras of associative algebras, Communications in Algebra, Volume 34, Issue 12 December 2006 , pages 4513 - 4522

[18] Louis Solomon. A Mackey formula in the group ring of a Coxeter group, J. Algebra, 41, pages 255-268, 1976.

[19] Sven Wirsing, Über separable Elemente in assoziativen Algebren, AVM-Verlag, München, 2012

[20] Sven Wirsing, Über Einheitengruppen modularer Gruppenalgebren, AVM-Verlag, München, 2012

[21] Sven Wirsing, About Cartan-Subalgebras in Lie-Algebras associated to Associative Algebras, Cornell University Library, arxiv.org, 2012

[22] Manfred Wolff, Peter Hauck, Wolfgang Küchlin: Mathematik für Informatik und Bio-Informatik. Springer-Verlag, Berlin Heidelberg New-York, S.50

[23] www.wikipedia.de als Quelle der Hintergründe zu diversen Mathematikerinnen und Mathematikern, die in den Fußnoten aufgeführt sind.

Index

$\Pi_{l(P)}$, 176
(K, A) Adjunktion einer Eins von A, 73
$(\Pi_n)_{\leq p}$, 176
$A \oplus B$ direkte Summe, 22
A' Ableitung von A, 22
A^-, A^{op} Invers- oder auch entgegengesetzte Algebra, 68
A° assoziierte Lie-Algebra von A, 22
A_n alternierende Gruppe, 41
$Ann_r(T)$, $Ann_l(T)$ Rechts- bzw. Linksannulator von T in A, 59
$Ant(A) := Iso(A, A^-)$, 150
$Aug_B(V)$, $Aug(KH)$ Augmentationsideal, 22
$Aut(A) := Iso(A, A)$, 150
$B(n)$ Bell-Zahlen, 44
$C_A(T)$ Zentralisator von T in A, 23
C_n eine zyklische Gruppe der Ordnung n, 150
D_n Solomon-Algebra, 11
$E(A)$ Einheitengruppe von A, 23
$E(D_n)$ Einheitengruppe der Solomon-Algebra, 19
$E(K\Pi_n)$ Einheitengruppe der Solomon-Tits-Algebra, 16
$End_{(A;\delta)}(M)$ Menge der Modulendomorphismen von M bzgl. A und δ, 83
Fin Menge aller endlichen Teilmengen von $\mathbb{N}$, 35
$GF(q)$ Galois-Feld der Ordnung q, 107
$H_{<y} := H_{\leq y} \setminus [y]_\sim$, 171
$H_{>y} := H_{\geq y} \setminus [y]_\sim$, 171
$H_{>y<} := H \setminus (H_{\leq y} \cup H_{\geq y})$, 172
$H_{\geq y}$ Menge der bzgl. y grösseren Elemente, 171
$H_{\leq y}$ Menge der bzgl. y kleineren Elemente, 171
Hx Linksvielfache von x, 171
$I_{\geq k}$ spezielle Ideale in $K\Pi_n$, 55
$Inn(A)$ innere Automorphismen von A, 150
$Iso(A, B)$ Algebrenisomorphismen zwischen A und B, 150
KG Gruppenalgebra, 33
KH Halbgruppenalgebra, 22
$K[t]$ Polynomring, 22
$K\Pi_n \cdot P$, 178
$K\Pi_n \cdot e_P$, 180
$K\Pi_n$ Solomon-Tits-Algebra, 10
$Kern\,\alpha$ Kern von α, 22
M^n Menge der n-Tupel über M, 22
$N(A)$ Menge der Nullteiler von A, 68
$P \cdot K\Pi_n$, 178
$Q(A)$ quasireguläre Gruppe, Sterngruppe, 108
Q_q, 42
$S(n,k)$ k-te Stirling-Zahl (zweiter Art), 44
$S \circ T$ Erzeugnis der Kommutatoren von S und T, 22
$S^{(n)}$ n-te Glied der absteigenden Zentralreihe, 106
$S^{[n]}$ n-te Glied der (absteigenden) Kommutatorreihe von S, 118
S_n symmetrische Gruppe, 9
$T^{<n>}$ Erzeugnis aller n-stelligen Produkte von Elementen von T, 22
$T_\sim$, 174

$Typ(Q)$ Typ von Q, 41, 159
$Z(A)$ Zentrum von A, 23
$Z_n(S)$ n-te Glied der aufsteigenden Zentralreihe, 106
$[X,Y]$ Kommutator von X und Y, 106
$[r]_\sim$ die r-enthaltene Äquivalenzklasse bzgl. $\sim$, 23
Π, 36
Π_A geordneten Mengenpartitionen von A, 35
$\Pi_A^\leq$, 36
$\Pi_A^\star$, 36
Π_n geordnete Mengenpartitionen auf $\underline{n}$, 10
$\alpha_{|U}$ Einschränkung von α auf U, 22
$\overline{\Pi}_n$ Menge der ungeordneten Mengenpartitonen von $\underline{n}$, 159
$*$ Sternverknüpfung, 107
$\chi_x, \hat{\chi}_x$ irreduzible Charaktere von KM, 173
$\circ$ assoziierte Lie-Verknüpfung, 17
$\underline{n}$, 23
$\underline{n}_0$, 23
λ linksreguläre Darstellung von A, 83
$\langle T \rangle_K$ K-Erzeugnis von T in V, 22
$\langle T \rangle_\mathcal{G}$ Untergruppenerzeugnis von T in G, 23
$\mathbb{N}^\star$ von $\mathbb{N}$ frei erzeugte Monoid, 41
$\mathcal{T}_n$ Solomon-Tits-Algebra, 9
$|q|$ Länge eines Wortes, 41
$\mu_n(q)$ Multigrad von n bzgl. q, 41
$\otimes$ Tensorprodukt, 72
ρ rechtsreguläre Darstellung von A, 83
$\sim_H$ Äquivalenzrelation auf H, 22
$\tau(n)$ Anzahl aller Teiler von n, 150
$\times$ direktes Produkt, 43
φ_{T_i} eine monotone Bijektion, 57
$\vee$ Konkatenation auf Π, 36
$\wedge_A$ Produkt auf Π_A, 35
$\wedge_n, \wedge$ Produkt auf Π_n, 10
$a <_H b, a >_H b$ kleiner/grösser auf H, 22

$a^x := x^{-1}ax$ Konjugierte von a zu x, 23
a' Inverse von a in $Q(A)$, 108
$ad(l)$ Multiplikation mit l in einer Lie-Algebra, 131
$cl(T)$ Nilpotenzklasse von T, 22
$dim_K(V)$ K-Dimension von V, 22
e_A, e_Q, 36
$e_P \cdot K\Pi_n$, 180
id_V Identität auf V, 22
$l(Q)$ Länge von Q, 35
$max(T)$ Maximum von T, 23
$min(T)$ Minimum von T, 23
$min_{a,K}$ Minimalpolynom eines algebraischen Elementes, 22
$q \models n$ q eine Zerlegung von n, 41
$q \vdash n$ q Partition von n, 41
r_n, l_n Spezielle Einbettungen von Π_n in Π_{n+1}, 53
$rad(A)$ Nilradikal, 22
s_n Spiegelungs-Abbildung auf Π_n, 52
$st(S)$ auflösbare Stufe von S, 118
$v \approx w, w$ assoziierte Worte, 41
xH Rechtsvielfache von x, 171
x^{-1} Inverse zu x, 23

Abel, 23
Albert, 97
Algebra
  Antiautomorphismus, 19
  Automorphismus, 19
  Duo, 70
  halbeinfache Teilalgebra, 19
  Links-Duo, 70
  Rechts-Duo, 70
  sternregulär, 108
allgemeine Jordan-Zerlegung
  adjungierte Darstellung, 132
  Definition, 132
assoziative Algebra
  auflösbar, 22
auflösbare Algebra
  auflösbare Stufen, 119
  Fitting-Untergruppe, 134

halbeinfache Linksideale, 141
halbeinfache Rechtsideale, 141
Kommutatoren von Radikalpotenzen, 118
Nilpotenzklassen des Radikals, 119
Nilradikal, 133
Stagnation der absteigenden Lie-Zentralreihe, 106
Stagnation der aufsteigenden Lie-Zentralreihe, 106
Stagnation der aufsteigenden Zentralreihe der Einheitengruppe, 107
Summen-Produkt-Lemma, 110

Bell, 44

Cartan, 10
Coxeter, 9

Einheitengruppe einer auflösbaren Algebra
    p-Sylow-Untergruppe, 91
    p'-Hall-Untergruppen, 91
    Anzahl der p'-Hall-Untergruppen, 92
    Carter-Untergruppen, 91
Einheitengruppe von D_n
    absteigende Zentralreihe der Eins-Einheiten, 125
    auflösbare Stufe, 126
    auflösbare Stufe der Eins-Einheiten, 125
    Kommutator-Reihe, 125
    Kommutator-Reihe der Eins-Einheiten, 125
    Kommutatoren von um Eins verschobene Radikalpotenzen, 124
    Nilradikal, 134
    Stagnation der absteigenden Zentralreihe, 112
    Stagnation der aufsteigenden Zentralreihe, 107
Einheitengruppe von $K\Pi_n$
    p-Sylow-Untergruppe, 92

p'-Hall-Untergruppen, 92
absteigende Zentralreihe der Eins-Einheiten, 123
Anzahl der p'-Hall-Untergruppen, 93
auflösbare Stufe, 124
auflösbare Stufe der Eins-Einheiten, 123
Auflösbarkeit, 89
Carter-Untergruppen, 90, 92
Kommutativität, 90
Kommutator-Reihe, 123
Kommutator-Reihe der Eins-Einheiten, 123
Kommutatoren von um Eins verschobene Radikalpotenzen, 122
Nilpotenz, 90
Nilradikal, 134
Stagnation der absteigenden Zentralreihe, 111
Stagnation der aufsteigenden Zentralreihe, 107
Zentrum, 100
Eins-Einheiten, 17
Element
    beidseitig-Pierce-orthogonal, 140
    linksseitig-Pierce-orthogonal, 140
    rechtsseitig-Pierce-orthogonal, 140
    vollseparabel, 131
Euler, 161

Faktoralgebra, 26
Fitting, 18
Frattini, 137
Frobenius, 60

Galois, 98
geordnete Mengenpartitionen
    Zentrum, 97

Halbgruppe
    idempotent, 21
Hall, 15

idempotente Monoidalgebra

KM, 13
idempotentes Monoid
    maximales Element, 173
    minimales Element, 173

Jacobson, 10
Jordan, 18

Krull, 154

Lemma von Schur, 84
Lie, 12
Loewy, 11

Malcev, 37
Maschke, 58
Modul
    Bi-Modul, 68
    unital, 68
Monoid
    idempotent, 13

Nakayama, 67

Pierce, 81
Pierce-Komponenten
    Algebra, 82
    Radikal, 82
    Radikalkomplement, 82
Polynom
    quadratfrei, 131
    separabel, 131
    vollseparabel, 131

Radikalkomplement
    selbstzentral, 82
Remak, 154

Schmidt, 154
Schur, 84
simultaner Erzeuger, 69
Solomon-Algebra
    Antiautomorphismen, 159
    auflösbare Stufen, 120
    beidseitig-Pierce-orthogonal, 143
    Dimension maximal halbeinfacher Linksideale, 150
    Dimension maximal halbeinfacher Rechtsideale, 150
    Duo-Algebra, 74
    halbeinfache Linksideale, 144
    halbeinfache Rechtsideale, 144
    linksseitig-Pierce-orthogonal, 143
    Nilpotenzklassen, 119
    Nilradikal, 133
    rechtsseitig-Pierce-orthogonal, 143
Solomon-Tits-Algebra
    (Quasi-)Frobeniusalgebra, 59
    Antiautomorphismen, 166
    auflösbare Stufen, 119
    beidseitig-Pierce-orthogonal, 142
    Cartan-Teilalgebren, 85
    direkte Unzerlegbarkeit, 96
    Divisionsalgebra, 55
    Duo-Algebra, 74
    einfach, 55
    halbeinfach, 55
    halbeinfache Linksideale, 143
    halbeinfache Rechtsideale, 143
    kommutativ, 55
    Lie-Nilpotenz, 85
    linksseitig-Pierce-orthogonal, 142
    lokal, 55
    maximale Dimension projektiv unzerlegbarer Linksideale, 159
    maximale Dimension projektiv unzerlegbarer Rechtsideale, 159
    Nilpotenzklassen, 119
    Nilradikal, 133
    Pierce-Komponenten, 83, 85
    rechtsseitig-Pierce-orthogonal, 142
    selbstzentrale Radikalkomplemente, 85
    separabel, 55
    Stagnation der absteigenden Lie-Zentralreihe, 106
    Stagnation der aufsteigenden Lie-Zentralreihe, 106
    Uniserialität, 56

Zentrum, 95
Stirling, 44
Sylow, 15

Teilalgebra
    unital, 68

van der Waerden, 107

Wedderburn, 26
Worte, 41

Young, 42
Young-Untergruppe, 43